农村劳动力培训阳光工程系列教材

太 阳 能 工

丛书主编　朱启酒　程晓仙

本册主编　高秀清

U0315290

科学普及出版社

·北　京·

图书在版编目（CIP）数据

太阳能工/高秀清主编. —北京：科学普及出版社，2012.4
农村劳动力培训阳光工程系列教材/朱启酒，程晓仙主编
ISBN978-7-110-07713-9

Ⅰ.①太… Ⅱ.①高… Ⅲ.①太阳能技术—技术培训—教材
Ⅳ.①TK51

中国版本图书馆 CIP 数据核字（2012）第 070384 号

策划编辑	吕建华　许　英	
责任编辑	吕秀齐	
责任校对	刘洪岩	
责任印制	张建农	
版式设计	鑫联必升	

出　　版	科学普及出版社
发　　行	科学普及出版社发行部
地　　址	北京市海淀区中关村南大街 16 号
邮　　编	100081
发行电话	010-62173865
传　　真	010-62179148
网　　址	http://www.cspbooks.com.cn

开　　本	787mm×1092mm　1/16
字　　数	145 千字
印　　张	7
版　　次	2012 年 4 月第 1 版
印　　次	2012 年 4 月第 1 次印刷
印　　刷	三河市国新印装有限公司

书　　号	ISBN 978-7-110-07713-9/TK・21
定　　价	21.00 元

农村劳动力培训阳光工程系列教材

编 委 会

序

　　为了培养一支结构合理、数量充足、素质优良的现代农业劳动者队伍，强化现代农业发展和新农村建设的人才支撑，根据农业部关于阳光工程培训工作要求，北京市农业局紧紧围绕农业发展方式转变和新农村建设的需要，认真贯彻落实中央有关文件精神，从新型职业农民培养和"三农"发展实际出发，制定了详细的实施方案，面向农业产前、产中和产后服务和农村社会管理领域的从业人员，开展动物防疫员、动物繁殖员、畜禽养殖员、植保员、蔬菜园艺工、水产养殖员、生物质气工、沼气工、沼气管理工、太阳能工、农机操作和维修工等工种的专业技能培训工作。为使培训工作有章可循，北京市农业局、北京市农民科技教育培训中心聘请有关专家编制了专业培训教材，并根据培训内容，编写出一套体例规范、内容系统、表述通俗、适宜农民需求的阳光工程培训系列教材，作为北京市农村劳动力阳光工程培训指定教材。

　　这套系列教材的出版发行，必将推动农村劳动力培训工作的规范化进程，对提高阳光工程培训质量具有重要的现实意义。由于时间紧、任务重，成书仓促，难免存在问题和不妥之处，希望广大读者批评指正。

编委会

2012 年 3 月

前　言

　　根据农业部关于农村劳动力培训阳光工程工作的指导意见和北京市农村劳动力培训阳光工程项目实施方案要求，为了更好地贯彻落实中央有关文件精神，加大新型职业农民培养工作力度，进一步做好阳光工程太阳能工的培训工作，特组织专业技术人员编写本教材。

　　本教材系统地介绍了太阳能的基础知识及太阳能利用技术、太阳能设施的安装准备、施工、验收和维修等，即采用某些装置或系统将太阳能的辐射能收集、转换或贮藏及利用工作原理到实用技术介绍，为农村劳动力培训的必备技能掌握提供系统训练环节，通过理论培训与实际操作，使从事或准备从事太阳能工建设或管护工作的人员熟悉太阳能、建筑工艺和材料等基本知识，具备一定的识图能力，掌握太阳能工程建设施工、设备安装、质量检验、启动调试、维修维护和综合利用等职业技能，提升太阳能工的整体素质，保障太阳能的建设质量和效益发挥，推动农村和农民增收。

　　本教材根据目前太阳能在农业方面的利用，侧重培养适合推广、普及的太阳能热利用技术及电利用技术，如：太阳能热水器、太阳灶及户用太阳光电系统等。特别适合从事或准备从事农村太阳能设备设施运行管理、维修维护、技术指导及生产经营管理人员等工作的人员。同时适合涉农类专业的新能源知识拓展及各级管理人员阅读，也可供从事相关领域的科研、工程技术人员参考。

编　者
2012 年 2 月

目 录

第一章 太阳能工职业道德

　　太阳能工是太阳能操作工的简称，是从事农村户用太阳能设备设施的施工、设备安装、调试、工程运行、维修及进行太阳能热利用及光电转换利用、生产经营管理的人员。他们直接面向广大农民和太阳能利用第一线，除了应具备系统的太阳能光热转换、光电转换生产理论知识和操作技能外，还应树立为人民服务的正确思想，具备应有的职业道德和法律意识。

第一节　职业道德基础知识

一、道德的定义

　　道德是一定社会、一定阶级向人们提出的处理人和人之间、个人和社会之间、个人和自然之间各种关系的一种特殊的行为规范，例如文明礼貌、助人为乐、爱护公物、尊老爱幼、男女平等、勤俭节约、和善友好、不讲脏话，先人后己、舍己救人、维护正义、反对邪恶、保家卫国、爱护环境等就是日常生活中道德的具体体现。道德通俗地讲就是什么可以做和什么不可以做，以及应该怎样做的问题，如邻居之间遇到困难应该相互帮助；教育子女不应该打骂；上街购物应该自觉排队；上车应该依次，不应该拥挤和加塞等。

　　做人要讲道德，做事要讲公德。人的一生在每一个阶段都有基本的道德要求，例如小孩讲的是诚实，成人讲的是做人，只有先做好了人，才能做好了事。古今中外历史上出现的许多伟人都非常重视做人，如大家熟知的雷锋就是非常典型的例子，他的事迹被广泛流传，成为公众道德标准的一面镜子。

　　中国向来就有礼仪之邦之称，几千年的中华民族的传统美德源远流长，道德思想博大精深；在社会进步和经济建设中也始终没有放松道德建设，没有放低道德建设的标准，有关道德方面的要求也更加规范，形成的道德体系也起了重要的作用与功能，道德已成为治理国家和促进经济发展的重要力量，是社会精神文明发展程度的重要标志。

二、职业道德的含义

所谓职业道德就是适应各种职业的要求而必然产生的道德规范，是从事一定职业的人在履行本职工作中所应遵守的行为规范和准则的总和。职业道德从内容上讲包括职业观念、职业情感、职业理想、职业态度、职业技能、职业纪律、职业良心和职业作风等，职业道德是道德体系的重要组成部分，它是职业人员从事职业活动过程中形成的一种内在的、非强制性的职业约束规则，是从业人员应该自觉遵守的道德准则，也是职业人员做好职业工作及能够长久从事职业的基础。规范和良好的职业道德可以促进职业行业的良性和健康发展，有利于形成职业员工之间诚信服务和公平竞争市场，从根本上保证职业人员共同利益，提高行业整体从业水平与服务水平。

职业是谋生的手段，职业活动中总是离不开职业道德问题，在经济越发达的社会，职业道德与个人利益、企业发展息息相关。一个职业道德高尚的人，才能在事业中取得成功，一个职业道德品质崇尚的企业，才能是一个发展前途远大的企业。海尔集团总裁张瑞敏曾经说过，铸造企业文化精神，提高职工的职业道德是企业发展的出路。他非常重视对职工的职业道德教育，赢得了巨大的社会声誉，树立了良好的企业形象，使海尔成为享誉海内外的著名品牌。

第二节　太阳能工职业道德

太阳能工除了具备与太阳能设备相关的技术与技能外，还要遵循基本的道德规范。随着物质文明和精神文明建设的深入发展，对农村服务业行业的服务要求标准也在不断提高，加之太阳能能够有效地协调与统一农村的经济效益、社会效益和生态效益，对带动农村全面发展具有非常重要的作用。因此，一个合格的太阳能工，应该成为一个重岗位责任、讲职业道德、遵守职业规范、掌握职业技能、树立行业新风的德才兼备的农村能源建设队伍中的一员。太阳能工的职业道德包括以下几个方面。

一、文明礼貌

文明礼貌是人类社会进步的产物，是从业人员的基本素质，是职业道德的重要规范，也是人类社会进步的重要标志，大体包括思想、品德、情操和修养等方面。太阳能工要做精神文明的先导者，在农村社会主义精神文明建设中起模范带头作用，自觉做有理想、有道德、有文化、守纪律的先进工作者。文明太阳能工的基本要求是：

（1）热爱祖国，热爱社会主义，热爱共产党，努力提高政治思想水平；

（2）遵守国家法律；

（3）维护社会公德，履行职业道德；

（4）关心同志，尊师爱徒；

（5）努力学习，提高政治、文化、科技、业务水平；

（6）热爱工作，业务上精益求精，学赶先进；

（7）语言文雅、行为端正、技术熟练；

（8）尊重民风民俗习惯，反对封建迷信。

太阳能工的文明礼貌在职业用语中的要求：

语感自然，语气亲切，语调柔和，语速适中，语言简练，语意明确，语言上要选择尊称敬语，如："同志"、"先生"、"您"、"请"、"对不起"、"请谅解"、"请原谅"、"谢谢"、"再见"等；切忌使用"禁语"，如"嘿"、"老头儿"、"交钱儿"、"我解决不了，愿意找谁找谁去"、"怎么不提前准备好"、"后边等着去"、"现在才来，早干吗来着"等。

太阳能工在举止上要求首先是服务态度恭敬，对待农户态度和蔼，有问必答，不能顶撞，不能随意挑剔农户的缺点与不足。其次是在服务过程中，要热情，要微笑进门，微笑工作，微笑再见。最后是服务要有条不紊，不慌不忙，不急不躁，按部就班，遇见问题要镇静，果断处理。

二、爱岗敬业

爱岗敬业是社会大力提倡的职业道德行为准则，也是每个从业者应当遵守的共同的职业道德。爱岗就是热爱本职工作，敬业就是用一种恭敬严肃的态度对待自己的工作。农业职业的太阳能工要提倡"干一行，爱一行，专一行"，只有这样才能有力地推动太阳能在农村的使用与推广。

爱岗敬业的重点是强化职业责任，职业责任是任何职业的核心，它是构成职业的基础，往往通过行政的甚至是法律的方式加以确定和维护，它同时也是行业职工从业是否称职、能否胜任工作的尺度。对于太阳能工来讲，保证太阳能工程施工质量、安全及太阳能设备正常维护与管理等就是职业责任。近几年来，推广部门采取"三包"政策（包技术、包质量、包农户）形式管理太阳能工，有效地保证了太阳能工程质量，大大减少和降低了设备事故发生率，因此加强农村太阳能工的职业责任意识，是保证农村太阳能工程建设队伍健康发展的基础。

太阳能工的爱岗敬业要与职业道德、职业责任、职业技能和职业培训等密切结合起来，同时还要与职工的物质利益直接联系起来，甚至与政策、法律联系起来，推崇奉献精神，鼓励太阳能工做好自己的本职工作。

三、诚实守信

诚实守信是为人之本，从业之要。一个讲诚信的人，才能赢得别人的尊重和友善；一个讲诚信的人，才能在自己的行业中取得别人的信任，才能在行业中有所发展，才能永久立于行业之中。

诚实守信，首先是诚实劳动，其次是遵守合同与契约。诚实劳动是谋生的手段，劳动者参与劳动，在一定意义上是为换取与自己劳动相当的报酬，以满足养家或者改善生活。与诚实劳动相对的不诚实劳动现象，如出工不出力、以次充好、专营假冒伪劣产品等在各种行业中都不同程度的存在，它是危害行业的蛀虫，如在太阳能生产中曾出现为赶工程进度和施工量致使太阳能设施无法使用，而不得不放弃的现象，极大地伤害了农户的利益与积极性，对这种现象应采取严厉的制裁手段。劳动合同与契约是对劳资双方的保障机制和约束机制，使双方都享受一定的权利，也承担一定的义务，任何一方都不得无故撕毁劳动合同。太阳能工在从业中，与用工单位或农户应该有口头或者书面协议，作为劳动合同与契约，既是太阳能工的"护身符"，同时又是监督太阳能工尽职尽责，保证施工单位或农户利益的有效机制，以保证双方免受经济损失。

诚实劳动十分重要。其一，它是衡量劳动者素质高低的基本尺度；其二，它是劳动者人生态度、人生价值和人生理想的外在反映；其三，它直接涉及劳动者的人生追求和价值的实现。太阳能工行业要求从业人员要尽心尽力、尽职尽责、踏踏实实地完成本职工作，自觉做一个诚实的劳动者，对个人和国家都有好处。

四、团结互助

团结互助是指为了实现共同利益与目标，互相帮助，互相支持，团结协作，共同发展，同一行业的从业人员应该顾全大局，友爱亲善，真诚相待，平等尊重，搞好同事之间、部门之间的团结协作，以实现共同发展。良好的团结互助还能激发职工的热情与积极性，而缺少团结精神，相互扯皮，甚至相互拆台，影响从业人员的情绪，导致纪律松散、人心涣散，最终一事无成，中国古语所讲"天时不如地利，地利不如人和"就是这个道理。

太阳能生产从业人员要讲团结互助精神。第一，同事之间要相互尊重。在建设大中型太阳能工程，或集中在项目村或乡上建造户用太阳能设施中，要求融洽相处，不论资历深浅、能力高低、贡献大小，在人格上都是平等的，都应一视同仁，互相爱护；在施工过程中，要相互切磋，求同存异，尊重他人意见，决不可自以为是，固执己见。第二，师徒之间要相互尊重。师傅要关心、爱护、平等相待徒弟，传授技艺毫无保留，循循善诱，严格要求；徒弟要尊敬、爱护师傅，要礼貌待人，虚心学习技艺，提高水平，正确对待师傅的批评指教，自觉克服缺点与不足，还要主动多干重活、累活，帮助师傅多干些辅助性工作，即使学成之后，仍要保持师徒情谊，相互学习，共同提携后人。第三，要尊重农户。农户是太阳能工服务的主体，是太阳能工生存与发展的基础，因此应该尊重农户。首先要对农户一视同仁，不论男女老幼，贫贱富贵都应真诚相待，热情服务；其次应运用文明礼貌体态语言，不讲粗话，风凉话，使工作周到细致，恰如其分。

五、勤劳节俭

勤劳节俭是中华民族的传统美德。古人云"一生之计在于勤"，道出勤能生存，勤能致富，勤能发展的道理；节俭是中华民族的光荣传统，民间流传的民谚："惜衣常暖，惜食常饱"；"家有粮米万石，也怕泼米撒面"，道出了节俭的重要性。勤劳与节俭之所以能够自古至今，传扬不衰，就在于无论对修身、持家，还是治国都有重要的意义。

太阳能工应该以勤为本，应该勤于动脑、勤于学习、勤于实践，这样才能精益求精，只有这样才能多建设施、建好设施，才能造福于农户与农村经济；同时要勤于劳动、不怕吃苦，才能有所收获，才能致富，切忌游手好闲、贪图安逸。太阳能工同时应该以节俭为怀，我国农村经济还不发达，许多农户相对贫困，因此，在太阳能设施规划及施工中不要浪费材料，以降低和减轻农户的负担，同时培养自身节俭持家的习惯。

六、遵纪守法

遵纪守法是指每个从业人员都要遵守纪律，遵守国家和相关行业的法规。从业人员遵纪守法，是职业活动正常进行的基本保证，直接关系到个人的前途，关系到社会精神文明的进步。因此，遵纪守法是职业道德的重要规范，是对职业人员的基本要求。法与规，对于社会和职业就像规矩与方圆，没有规矩，则不成方圆。

太阳能工遵纪守法，首先，必须认真学习法律知识，树立法制观念，并且了解、明确与自己所从事的职业相关的职业纪律、岗位规范和法律规范，例如《中华人民共和国劳动法》、《中华人民共和国环境保护法》、《中华人民共和国节约能源法》、《中华人民共和国合同法》、《中华人民共和国民法》等，只有懂法，才能守法；只有懂法，才会正确处理和解决职业活动中遇到的问题。其次，要依法做文明公民。懂法重要，守法更重要，只有严格守法，才能实现"法律面前人人平等"，如果谁都懂法，但谁都不守法，即使有再好的法律，也等于一纸空文，起不到丝毫的作用。最后，要以法护法，维护自身的正当权益。在从事太阳能工职业活动中如发生侵权现象，要正确使用法律武器，以维护自己的合法权益，切忌使用武力、暴力等带有黑社会性质的行为，不但不能达到目的，反而会受到法律的严惩。

太阳能工在从业过程中，还要遵守行业规范，不要投机取巧，避免不良后果，甚至灾难的发生。太阳能工在太阳能设施施工及管理过程有一系列的具体要求，如建筑施工规范、气密闭性检验、输配管路安装规范、发酵工艺规范等，要求规范化执行与操作，方能保证安全生产，保障人身和财产的安全，避免不必要的损失。

第三节　太阳能工职业道德修养

一、职业道德修养的含义

所谓职业道德修养就是指从事各种职业活动的人员，按照职业道德的基本原则和规范，在职业活动中所进行的自我教育、自我锻炼、自我改造和自我完善，使自己形成良好的职业道德品质和达到一定的职业道德境界。职业道德修养是从业的基本，是太阳能工建立长久诚信的根本。太阳能工要加强职业道德修养，树立为国家、为农户服务的责任感，热爱本职工作，并为之奉献。

二、道德修养的途径

（一）确立正确的人生观是职业道德修养的前提

树立正确的人生观，才会有强烈的社会责任感，才能在从事职业活动中形成自觉的职业道德修养，形成良好的职业道德品质，那种只注重金钱，贪图享受，则是错误和落后的人生观。

（二）职业道德修养要从培养自己良好的行为习惯着手

古人云"千里之行，始于足下"，"勿以恶小而为之，勿以善小而不为"，说明良好的习惯要从我做起，从现在做起，从小事做起。只有这样，才能培养社会责任感和奉献精神，生活中不注重"小节"，往往就会失"大节"。

（三）学习先进人物的优秀品质

社会各个行业都有许多值得自己学习的优秀人物，他们为社会和祖国做出了贡献，激励着后人奋发向上。向先进人物学习，一是要学习他们强烈的社会责任感；二是要学习他们的优秀品质，学习他们的先进思想；三是要学习他们严于律己，宽以待人，关心他人，以国家和集体利益为重的无私精神。

三、职业守则

太阳能工面向农村户用太阳能工程的施工、设备安装调试、工程运行、维修及进行太阳能生产经营管理第一线，在职业活动中，要遵守以下职业守则：

（1）遵纪守法，做文明从业的职工；

（2）爱岗敬业，保持强烈的职业责任感；

（3）诚实守信，尽职尽责；

（4）团结协作，精于业务，提高从业综合素质；

（5）勤劳节俭，乐于吃苦，甘于奉献；

（6）加强安全施工意识，严格执行操作规程。

思 考 题

1. 太阳能工是从事什么职业的人员？
2. 太阳能工的职业道德包括哪些内容？
3. 太阳能工如何做好自身的职业道德修养？
4. 太阳能工职业守则包括哪些内容？

第二章 相关法律法规常识

【知识目标】
　　熟悉《消费者权益保护法》、《劳动法》、《节约能源法》、《环境保护法》、《可再生能源法》等相关法律、法规。

【技能目标】
　　能够在实际工作中遵守相关法律法规，并能应用相关法律法规维权。

在太阳能工职业活动中，要学习和了解相关法律法规知识。按照法律，规范和约束自己的行为，按照法律，维护自己的切身利益。本章的知识点是学习消费者权益保护法、劳动法、节约能源法和环境保护法基本常识，重点和难点是将所学的法律知识应用于太阳能工职业活动。

第一节　消费者权益保护法

为保护消费者的合法权益，维护社会经济秩序，促进社会主义市场经济健康发展，1993 年 10 月 31 日第八届全国人民代表大会常务委员会第四次会议通过，1993 年 10 月 31 日中华人民共和国主席令第 11 号公布，1994 年 1 月 1 日起施行《中华人民共和国消费者权益保护法》（以下简称《消费者权益保护法》）。

一、概述

（一）消费者的概念和特征

消费者是指为了生活消费需要购买、使用商品或者接受服务的个人和单位。
消费者这一概念包含有以下三个基本特征：
（1）消费者主要是指个人，也包括单位。
（2）消费者须有偿获得商品和服务。这是与无偿取得商品，或接受服务相区分的，即该商品和服务具有了有偿性。
（3）消费者消费的内容是生活消费。生活消费是指人们为了满足物质文化生活需要而消耗各种物质产品、精神产品和劳动服务的行为和过程。

（二）消费者权益保护法的概念

消费者权益保护法是调整人们生活消费所发生的社会关系的法律规范的总称。消费者权益保护法调整的范围主要包括两个方面：一是消费者为生活消费需要购买、使用商品或者接受服务中产生的社会关系。二是经营者为消费者提供其生产销售的商品或者提供服务中产生的社会关系。这两方面，前者是确定消费者的法律地位及其权利，后者是确定经营者的义务，通过确定权利、义务来规范相互关系。

（三）《消费者权益保护法》的作用

《消费者权益保护法》的宗旨在于：保护消费者的合法权益，维护社会经济秩序，促进社会主义市场经济的健康发展。其作用主要表现在以下几个方面：

（1）有利于消费者运用法律武器同侵害其合法权益的行为作斗争，以维护其利益。消费者权益保护法对消费者的人权、财产安全权、知悉权、选择权、公平交易权等各项权利都作了明确的规定，这就为消费者维护自身的合法权益提供了有力的法律依据。

（2）有利于维护正常的社会经济秩序，促进社会主义市场经济的健康发展。市场经营者在法律允许的范围内公平竞争，所提供的商品和服务的质量符合法律规定的标准，符合消费者的消费需求，这样才能促进市场经济的发展，维护社会经济秩序。

（3）有利于安定团结，为社会经济的发展创造良好的社会环境。在社会经济活动中，消费者与经营者之间发生的消费纠纷不仅关系到二者的问题，而且也关系到能否为社会经济的发展创造良好的社会环境。因此，如果不能依法及时、合理地解决纠纷，避免矛盾的激化，就会影响到正常的社会秩序。

（四）《消费者权益保护法》的基本原则

（1）经营者与消费者进行交易，应遵循自愿、平等、公平、诚实信用的原则。自愿，指经营者与消费者之间的交易行为完全是双方意愿表示一致的结果，不存在强买强卖。平等，是指当事人之间的法律地位平等，即平等地享有权利，履行义务。公平，是指当事人之间的权利、义务与责任要公平合理。诚实信用，是指交易双方意愿表示要真实，对与交易有关的情况不隐瞒，不作虚假表示，双方的目的、行为出于善意。

（2）国家保护消费者合法权益不受侵害的原则。根据《消费者权益保护法》规定，国家禁止经营者在提供商品和服务时，侵犯消费者的人身权、财产权等其他合法权益。当消费者的人身、人格、财产等权利受到侵害时，国家有关机关应依法追究侵害者的法律责任。

（3）保护消费者的合法权益是全社会的共同责任的原则。

二、消费者的权利和经营者的义务

（一）消费者的权利

（1）人身、财产安全不受损害的权利。人身、财产安全权是我国宪法赋予每一个公民最基本的权利，是公民人身权、财产所有权的重要组成部分。消费者在购买、使用商品或接受服务时，享有其合法财产不受损害的权利。

（2）知悉商品和服务真实情况的权利。消费者在购买、使用商品和接受服务时，有对商品和服务的名称、质量、价格、用途和使用方法等相关情况进行全面的、充分的了解的权利。该项权利是实现其他权利的前提，有着重要的地位。

（3）自主选择商品或服务的权利。选择权是消费者依照国家法律、行政法规，根据自己的消费需求、爱好和情趣，完全自主地选择自己满意的商品和服务的权利。

（4）公平交易的权利。公平交易权是消费者的基本权利之一，它规定消费者在购买商品或者接受服务时，获得质量保障、价格合理、计量正确等公平交易条件，有权拒绝经营者的强制交易。

（5）依法获得赔偿的权利。消费者因购买、使用商品或者接受服务时受到人身、财产损害的，消费者或者使用者可以依法要求商品生产者或经营者、服务提供者承担赔偿责任，并可通过法律规定的方式实现该项权利。

（6）依法成立维护自身合法权益的社会团体的权利。相对于经营者来说，消费者处于弱势地位，当消费者的合法权益受到非法侵害时，会心有余而力不足，无法维护自己的权益。依法成立维护自己合法权益的社会团体，就会形成一种社会力量和声势，消费者在自己的团体帮助和支持下，可依法解决问题，而且对经营者的行为也起到了监督作用。

（7）获得有关消费和消费权益保护方面知识的权利。

（8）人格尊严、民族风俗习惯得到尊重的权利。

（9）对商品和服务以及保护消费者权益工作进行监督的权利。即消费者有权检举、控告侵害消费者权益的行为和国家机关及其工作人员在保护消费者权益工作中的违法失职行为，对保护消费者权益工作提出批评、建议。

（二）经营者的义务

经营者的义务，是指经营者在向消费者提供商品和服务时，必须为或不得为的行为，根据《消费者权益保护法》规定主要有下列义务：

（1）提供消费者行使权利的便利条件的义务。法律规定，经营者应当听取消费者对其提供的商品或者服务的意见，接受监督。这样才能作为消费者行使权利提供可能的条件。

（2）保证商品和服务符合人身、财产安全的义务。经营者所提供的商品和服务可能危及消费者人身、财产安全时，应当向消费者做出真实的说明和明确的提示，并说明和标明正确使用商品和接受服务的方法以及防止危害发生的方法。

（3）提供商品和服务真实信息的义务。经营者不得利用广告或其他方法对商品和服务作虚假或令人误解的虚假宣传，以通行的方式标明有关真实信息，真实、明确地答复消费者的询问。

（4）出具购货凭证或者服务单据的义务。购货凭证和服务单据是消费者购买商品和接受服务的证明，是经营者负有的法律规定义务。

（5）保证商品和服务质量的义务。

（6）履行国家规定或者与消费者的约定的义务。按照国家规定或与消费者的约定，承担包修、包换、包退或者其他责任。

（7）尊重消费者人格的义务。不得对消费者进行侮辱、诽谤，更不能采取任何手段限制消费者的人身自由。

三、国家对消费者合法权益的保护及消费者组织

（一）国家对消费者合法权益的保护

（1）国家通过立法保护消费者的合法权益。
（2）国家通过行政手段保护消费者的合法权益。
（3）国家通过司法手段保护消费者的合法权益。

（二）消费者组织

消费者组织是指依法成立的对商品和进行社会监督的保护消费者合法权益的社会团体。1936 年美国消费者联盟组织成立。

我国消费者协会的职能主要有：
（1）向消费者提供消费信息和咨询服务。
（2）参与有关行政部门的商品和服务的监督、检查。
（3）就有关消费者合法权益问题，向有关行政部门反映。
（4）受理消费者的投诉，并对投诉事项进行调查、调解、查询、提出建议。
（5）投诉事项涉及商品和服务质量问题的，可以提请鉴定部门鉴定，鉴定部门应当告知鉴定结论。
（6）就损害消费者合法权益的行为、支持受损害的消费者提起诉讼。
（7）对损害合法权益的行为，通过大众传播媒介予以揭露批评。

四、消费者权益争议的解决

（一）消费者权益争议解决途径

（1）协商和解。消费者权益争议发生后，消费者与经营者之间，在平等自愿、互谅互让的基础上，依照法律、法规的规定和约定，经过协商，对争议事项达成一致。

（2）调解。指争议双方在消费者协会的主持下，通过摆事实、讲道理，分清是非，明确责任，在互谅互让的基础上自愿协商，达成协议以解决争议的方式。调解必须遵循自愿、合法的原则。

（3）申诉。即向有关行政职能部门申诉，如工商、物价、技术监督等部门。

（4）仲裁。根据我国《仲裁法》规定向仲裁委员会申请仲裁，以解决争议。但应注意：必须根据当事人双方达成的仲裁协议，仲裁机构具有民间性质，仲裁裁决是终局裁决。

（5）诉讼。即向人民法院提起诉讼，由人民法院依照法定程序对争议案件进行审理仲裁。

（二）损害赔偿人

在消费时，消费者在购买、使用商品接受服务时，如合法权益受到侵害，有权要求损害人赔偿，《消费者权益保护法》规定了以下几种人可以作为损害赔偿人。

（1）销售者，消费者在购买、使用商品时，其合法权益受到损害的，可以向销售者要求赔偿。

（2）服务者，消费者在接受服务时，其合法权益受到侵害的，可以向服务者要求赔偿。

（3）如原企业分立、合并的，可以向变更后承受其权利义务的企业要求赔偿。

（4）使用他人营业执照的违法经营者提供商品或者服务，损害消费者合法权益的，消费者可以向其要求赔偿，也可以向营业执照的持有人要求赔偿。

（5）消费者在展销会租赁柜台购买商品或者接受服务，其合法权益受到损害的，可以向销售者或服务者要求赔偿。展销会结束或者柜台租赁期满后，也可以向展销会的举办者、柜台的出租者要求赔偿。

（6）消费者因经营者利用虚假广告提供商品或者服务其合法权益受到损害的，可以向经营者要求赔偿。广告经营者发布虚假广告的，消费者可以请求行政主管部门予以惩处。广告的经营者不能提供经营者的真实名称、地址的，应当承担赔偿责任。

五、违反《消费者权益保护法》的法律责任

对于违反《消费者权益保护法》的行为应承担如下法律责任：

（1）经营者提供商品或者服务有下列情形之一的，除《消费者权益保护法》另

有规定外，应当按照《中华人民共和国产品质量法》和其他有关法律、法规的规定，承担民事责任。

① 商品存在缺陷。

② 不具备商品应当具备的作用性能而出售时未作说明的。

③ 不符合在商品或者其包装上注明采用的商品标准的。

④ 实物或样品不符合商品说明书表明的质量状况的。

⑤ 生产国家明令淘汰的商品或销售失效、变质的商品。

⑥ 销售的商品数量不足。

⑦ 服务的内容和费用违反约定。

⑧ 对消费者提出的修理、重做、更换、退货、补足商品数量的要求，故意拖延或者无理拒绝的，应当退还货款和服务费或者赔偿损失。

⑨ 法律、法规规定的其他损害消费者权益的情形。

（2）经营者提供商品或者服务，造成消费者或者其他受害人人身伤害的，应当支付医疗费、治疗期间的护理费、因误工减少的收入等费用；造成残疾的，还应当支付残疾者自助用具费，生活补助费、残疾赔偿金以及由其抚养人所必需的生活费等费用；构成犯罪的，依法追究刑事责任；造成死亡的，应当支付丧葬费、死亡赔偿金以及死者生前抚养的人所必需的生活费等费用，构成犯罪的，依法追究刑事责任。

（3）经营者提供商品或者服务，造成财产损害的，应当按照消费者的要求，修理、重做、更换、退货、补足商品数量、退货款和服务费用或者赔偿损失等方式承担民事责任。消费者与经营者另行约定的，按照约定履行。

（4）经营者提供商品服务有欺诈行为的，应当按照消费者的要求赔偿其受到的损失，赔偿金额为消费者购买商品的价款或接受服务的费用的1倍。

（5）经营者有下列情形之一的，依照《中华人民共和国产品质量法》和其他法律、法规执行，法律、法规未作规定的，由工商行政管理部门责令改正，可以根据情节单处或者并处警告、没收违法所得，处以1万元以下的罚款。情节严重的，责令停业整顿、吊销营业执照。

① 生产、销售的商品不符合保障人身、财产安全要求的。

② 在商品中，掺假，以假充真，以次充好，或者以不合格商品冒充合格商品的。

③ 生产国家明令淘汰的商品者，销售失效、变质的商品的。

④ 伪造商品的产地，伪造或者冒用他人的厂名、厂址、伪造或者冒用认证标志的。

⑤ 销售的商品应当检验、检疫而未检验、检疫或者伪造检验、检疫结果的。

⑥ 对商品或者服务作引人误解的虚假宣传的。

⑦ 对消费者提出的修理、重做、更换、退货、补足商品数量、退还货款和服务费用或者赔偿损失要求，故意拖延或者无理拒绝的。

⑧ 侵害消费者人格尊严或者侵犯消费者人身自由的。

⑨ 法律、法规规定的对损害消费者权益应当予以处罚的其他情形。

（6）以暴力、威胁等方法阻碍有关行政部门工作人员依法执行任务的，依法追究刑事责任；拒绝、阻碍有关行政部门工作人员依法执行任务，未使用暴力、威胁方法的，由公安机关依照《中华人民共和国治安管理处罚条例》的规定处罚。

（7）国家机关人员玩忽职守或者包庇经营者侵害消费者合法权益行为的，由其所在单位或者上级机关给予行政处分。情节严重，构成犯罪的，依法追究刑事责任。

第二节　劳　动　法

为了保护劳动者的合法权益，调整劳动关系，建立和维护适应社会主义市场经济的劳动制度，促进经济发展和社会进步，1994 年 7 月 5 日第八届全国人民代表大会常务委员会第八次会议通过，1994 年 7 月 5 日中华人民共和国主席令第 28 号公布，1995 年 1 月 1 日起施行《中华人民共和国劳动法》。

一、概述

《中华人民共和国劳动法》适用于在中华人民共和国境内的企业、个体经济组织和与之形成劳动关系的劳动者。国家机关、事业组织、社会团体和与之建立劳动合同关系的劳动者，应依照本法执行。

劳动者享有平等就业和选择职业的权利、取得劳动报酬的权利、休息休假的权利、获得劳动安全卫生保护的权利、接受职业技能培训的权利、享受社会保险和福利的权利、提请劳动争议处理的权利以及法律规定的其他劳动权利。

劳动者应当完成劳动任务，提高职业技能，执行劳动安全卫生规程，遵守劳动纪律和职业道德。用人单位应当依法建立和完善规章制度，保障劳动者享有劳动权利和履行劳动义务。

国家采取各种措施，促进劳动就业，发展职业教育，制定劳动标准，调节社会收入，完善社会保险，协调劳动关系，逐步提高劳动者的生活水平。国家提倡劳动者参加社会义务劳动，开展劳动竞赛和合理化建议活动，鼓励和保护劳动者进行科学研究、技术革新和发明创造，表彰和奖励劳动模范和先进工作者。劳动者有权依法参加和组织工会。工会代表和维护劳动者的合法权益，依法独立自主地开展活动。劳动者依照法律规定，通过职工大会、职工代表大会或者其他形式，参与民主管理或者就保护劳动者合法权益与用人单位进行平等协商。国务院劳动行政部门主管全国劳动工作。县级以上地方人民政府劳动行政部门主管本行政区域内的劳动工作。

二、社会就业

国家通过促进经济和社会发展，创造就业条件，扩大就业机会，鼓励企业、事业组织、社会团体在法律、行政法规规定的范围内兴办产业或者拓展经营，增加就业，支持劳动者自愿组织起来就业和从事个体经营实现就业。地方各级人民政府应当采取措施，发展多种类型的职业介绍机构，提供就业服务。劳动者就业，不因民族、种族、性别、宗教信仰不同而受歧视。在录用职工时，除国家规定的不适合妇女的工种或者岗位外，不得以性别为由拒绝录用妇女或者提高对妇女的录用标准。残疾人、少数民族人员、退役军人就业，法律、法规有特别规定的，从其规定。禁止用人单位招用未满 16 周岁的未成年人。文艺、体育和特种工艺单位招用未满 16 周岁的未成年人，必须依照国家有关规定，履行审批手续，并保障其接受义务教育的权利。

三、劳动合同和集体合同

（1）劳动合同是劳动者与用人单位确立劳动关系、明确双方权利和义务的协议。建立劳动关系应当订立劳动合同。

（2）订立和变更劳动合同，应当遵循平等自愿、协商一致的原则，不得违反法律、行政法规的规定。劳动合同依法订立即具有法律约束力，当事人必须履行劳动合同规定的义务。

（3）无效劳动合同指违反法律、行政法规的劳动合同或采取欺诈、威胁等手段订立的劳动合同。无效的劳动合同，从订立的时候起，就没有法律约束力。确认劳动合同部分无效的，如果不影响其余部分的效力，其余部分仍然有效。劳动合同的无效，由劳动争议仲裁委员会或者人民法院确认。

（4）劳动合同应当以书面形式订立，主要内容包括：①劳动合同期限；②工作内容；③劳动保护和劳动条件；④劳动报酬；⑤劳动纪律；⑥劳动合同终止的条件；⑦违反劳动合同的责任。劳动合同除前款规定的必备条款外，当事人可以协商约定其他内容。

（5）劳动合同的期限分为有固定期限、无固定期限和以完成一定的工作为期限。劳动者在同一用人单位连续工作满 10 年以上，当事人双方同意续延劳动合同的，如果劳动者提出订立无固定期限的劳动合同，应当订立无固定期限的劳动合同。

（6）劳动合同可以约定试用期。试用期最长不得超过 6 个月。

（7）劳动合同当事人可以在劳动合同中约定保守用人单位商业秘密的有关事项。

（8）劳动合同期满或者当事人约定的劳动合同终止条件出现，劳动合同即行终止。

（9）经劳动合同当事人协商一致，劳动合同可以解除。

（10）劳动者有下列情形之一的，用人单位可以解除劳动合同：

① 在试用期间被证明不符合录用条件的。

② 严重违反劳动纪律或者用人单位规章制度的。

③ 严重失职，营私舞弊，对用人单位利益造成重大损害的。

④ 被依法追究刑事责任的。

（11）有下列情形之一的，用人单位可以解除劳动合同，但是应当提前 30 日以书面形式通知劳动者本人：

① 劳动者患病或者非因工负伤，医疗期满后，不能从事原工作也不能从事由用人单位另行安排的工作的。

② 劳动者不能胜任工作，经过培训或者调整工作岗位，仍不能胜任工作的。

③ 劳动合同订立时所依据的客观情况发生重大变化，致使原劳动合同无法履行，经当事人协商不能就变更劳动合同达成协议的。

（12）用人单位濒临破产，进行法定整顿期间或者生产经营状况发生严重困难，确需裁减人员的，应当提前 30 日向工会或者全体职工说明情况，听取工会或者职工的意见，经向劳动行政部门报告后，可以裁减人员。用人单位依据本条规定裁减人员，在 6 个月内录用人员的，应当优先录用被裁减的人员。

（13）解除劳动合同时，应当依照国家有关规定给予经济补偿。

（14）劳动者有下列情形之一的，用人单位不得解除劳动合同：

① 患职业病或者因工负伤并被确认丧失或者部分丧失劳动能力的。

② 患病或者负伤，在规定的医疗期内的。

③ 女职工在孕期、产期、哺乳期内的。

④ 法律、行政法规规定的其他情形。

（15）用人单位解除劳动合同，工会认为不适当的，有权提出意见。如果用人单位违反法律、法规或者劳动合同，工会有权要求重新处理；劳动者申请仲裁或者提起诉讼的，工会应当依法给予支持和帮助。

（16）劳动者解除劳动合同，应当提前 30 日以书面形式通知用人单位。

（17）有下列情形之一的，劳动者可以随时通知用人单位解除劳动合同：

① 在试用期内的。

② 用人单位以暴力、威胁或者非法限制人身自由的手段强迫劳动的。

③ 用人单位未按照劳动合同约定支付劳动报酬或者提供劳动条件的。

（18）企业职工一方与企业可以就劳动报酬、工作时间、休息休假、劳动安全、卫生、保险、福利等事项，签订集体合同。集体合同草案应当提交职工代表大会或者全体职工讨论通过。集体合同由工会代表职工与企业签订；没有建立工会的企业，由职工推举的代表与企业签订。

（19）集体合同签订后应当报送劳动行政部门；劳动行政部门自收到集体合同文本之日起 15 日内未提出异议的，集体合同即行生效。

（20）依法签订的集体合同对企业和企业全体职工具有约束力。职工个人与企业订立的劳动合同中劳动条件和劳动报酬等标准不得低于集体合同的规定。

四、工作时间和休息休假

（1）国家实行劳动者每日工作时间不超过 8 小时，平均每周工作时间不超过 44

小时的工时制度。

（2）对实行计件工作的劳动者，用人单位应当根据工时制度合理确定其劳动定额和计件报酬标准。

（3）用人单位应当保证劳动者每周至少休息1日。

（4）用人单位在下列节日期间应当依法安排劳动者休假：元旦；春节；国际劳动节；国庆节；法律、法规规定的其他休假节日。

（5）用人单位由于生产经营需要，经与工会和劳动者协商后可以延长工作时间，一般每日不得超过1小时；因特殊原因需要延长工作时间的，在保障劳动者身体健康的条件下延长工作时间每日不得超过3小时，但是每月不得超过36小时。

（6）有下列情形之一的，可以延长工作时间：发生自然灾害、事故或者因其他原因，威胁劳动者生命健康和财产安全，需要紧急处理的；生产设备、交通运输线路、公共设施发生故障，影响生产和公众利益，必须及时抢修的；法律、行政法规规定的其他情形。

（7）有下列情形之一的，用人单位应当按照下列标准支付高于劳动者正常工作时间工资的工资报酬：

① 安排劳动者延长工作时间的，支付不低于工资的150%的工资报酬。

② 休息日安排劳动者工作又不能安排补休的，支付不低于工资的200%的工资报酬。

③ 法定休假日安排劳动者工作的，支付不低于工资的300%的工资报酬。

五、工资与报酬

（1）工资分配应当遵循按劳分配原则，实行同工同酬。工资水平在经济发展的基础上逐步提高。国家对工资总量实行宏观调控。

（2）用人单位根据本单位的生产经营特点和经济效益，依法自主确定本单位的工资分配方式和工资水平。

（3）国家实行最低工资保障制度。最低工资的具体标准由省、自治区、直辖市人民政府规定，报国务院备案。用人单位支付劳动者的工资不得低于当地最低工资标准。

（4）确定和调整最低工资标准应当综合参考下列因素：

① 劳动者本人及平均赡养人口的最低生活费用。

② 社会平均工资水平。

③ 劳动生产率。

④ 就业状况。

⑤ 地区之间经济发展水平的差异。

六、劳动安全卫生

（1）用人单位必须建立、健全劳动安全卫生制度，严格执行国家劳动安全卫生规程和标准，对劳动者进行劳动安全卫生教育，防止劳动过程中的事故，减少职业危害。

（2）劳动安全卫生设施必须符合国家规定的标准。

新建、改建、扩建工程的劳动安全卫生设施必须与主体工程同时设计、同时施工、同时投入生产和使用。

（3）用人单位必须为劳动者提供符合国家规定的劳动安全卫生条件和必要的劳动防护用品，对从事有职业危害作业的劳动者应当定期进行健康检查。

（4）从事特种作业的劳动者必须经过专门培训并取得特种作业资格。

（5）劳动者在劳动过程中必须严格遵守安全操作规程。劳动者对用人单位管理人员违章指挥、强令冒险作业，有权拒绝执行；对危害生命安全和身体健康的行为，有权提出批评、检举和控告。

（6）国家建立伤亡事故和职业病统计报告和处理制度。县级以上各级人民政府劳动行政部门、有关部门和用人单位应当依法对劳动者在劳动过程中发生的伤亡事故和劳动者的职业病状况，进行统计、报告和处理。

七、职业培训

（1）国家通过各种途径，采取各种措施，发展职业培训事业，开发劳动者的职业技能，提高劳动者素质，增强劳动者的就业能力和工作能力。

（2）各级人民政府应当把发展职业培训纳入社会经济发展的规划，鼓励和支持有条件的企业、事业组织、社会团体和个人进行各种形式的职业培训。

（3）用人单位应当建立职业培训制度，按照国家规定提取和使用职业培训经费，根据本单位实际，有计划地对劳动者进行职业培训。从事技术工种的劳动者，上岗前必须经过培训。

（4）国家确定职业分类，对规定的职业制定职业技能标准，实行职业资格证书制度，由经过政府批准的考核鉴定机构负责对劳动者实施职业技能考核鉴定。

八、劳动争议

（1）用人单位与劳动者发生劳动争议，当事人可以依法申请调解、仲裁、提起诉讼，也可以协商解决。调解原则适用于仲裁和诉讼程序。

（2）解决劳动争议，应当根据合法、公正、及时处理的原则，依法维护劳动争议当事人的合法权益。

（3）劳动争议发生后，当事人可以向本单位劳动争议调解委员会申请调解；调解不成，当事人一方要求仲裁的，可以向劳动争议仲裁委员会申请仲裁。当事人一方也可以直接向劳动争议仲裁委员会申请仲裁。对仲裁裁决不服的，可以向人民法院提起诉讼。

（4）在用人单位内，可以设立劳动争议调解委员会。劳动争议调解委员会由职工代表、用人单位代表和工会代表组成。劳动争议调解委员会主任由工会代表担任。

劳动争议经调解达成协议的，当事人应当履行。

（5）劳动争议仲裁委员会由劳动行政部门代表、同级工会代表、用人单位方面的代表组成。劳动争议仲裁委员会主任由劳动行政部门代表担任。

（6）提出仲裁要求的一方应当自劳动争议发生之日起 60 日内向劳动争议仲裁委员会提出书面申请。仲裁裁决一般应在收到仲裁申请的 60 日内做出。对仲裁裁决无异议的，当事人必须履行。

（7）劳动争议当事人对仲裁裁决不服的，可以自收到仲裁裁决书之日起 15 日内向人民法院提起诉讼。一方当事人在法定期限内不起诉又不履行仲裁裁决的，另一方当事人可以申请人民法院强制执行。

（8）因集体合同发生争议，当事人协商解决不成的，当地人民政府劳动行政部门可以组织有关各方协调处理。因履行集体合同发生争议，当事人协商解决不成的，可以向劳动争议仲裁委员会申请仲裁；对仲裁裁决不服的，可以自收到仲裁裁决书之日起 15 日内向人民法院提起诉讼。

九、监督检查

（1）县级以上各级人民政府劳动行政部门依法对用人单位遵守劳动法律、法规的情况进行监督检查，对违反劳动法律、法规的行为有权制止，并责令改正。

（2）县级以上各级人民政府劳动行政部门监督检查人员执行公务，有权进入用人单位了解执行劳动法律、法规的情况，查阅必要的资料，并对劳动场所进行检查。县级以上各级人民政府劳动行政部门监督检查人员执行公务，必须出示证件，秉公执法并遵守有关规定。

（3）县级以上各级人民政府有关部门在各自职责范围内，对用人单位遵守劳动法律、法规的情况进行监督。

（4）各级工会依法维护劳动者的合法权益，对用人单位遵守劳动法律、法规的情况进行监督。任何组织和个人对于违反劳动法律、法规的行为有权检举和控告。

十、法律责任

（1）用人单位制定的劳动规章制度违反法律、法规规定的，由劳动行政部门给予警告，责令改正；对劳动者造成损害的，应当承担赔偿责任。

（2）用人单位违反本法规定，延长劳动者工作时间的，由劳动行政部门给予警告，责令改正，并可处以罚款。

（3）用人单位有下列侵害劳动者合法权益情形之一的，由劳动行政部门责令支付劳动者的工资报酬、经济补偿，并可以责令支付赔偿金：

① 克扣或者无故拖欠劳动者工资的。

② 拒不支付劳动者延长工作时间工资报酬的。

③ 低于当地最低工资标准支付劳动者工资的。

④ 解除劳动合同后，未依照本法规定给予劳动者经济补偿的。

（4）用人单位的劳动安全设施和劳动卫生条件不符合国家规定或者未向劳动者提供必要的劳动防护用品和劳动保护设施的，由劳动行政部门或者有关部门责令改正，可以处以罚款；情节严重的，提请县级以上人民政府决定责令停产整顿；对事故隐患不采取措施，致使发生重大事故，造成劳动者生命和财产损失的，对责任人员追究刑事责任。

（5）用人单位强令劳动者违章冒险作业，发生重大伤亡事故，造成严重后果的，对责任人员依法追究刑事责任。

（6）用人单位非法招用未满 16 周岁的未成年人的，由劳动行政部门责令改正，处以罚款；情节严重的，由工商行政管理部门吊销营业执照。

（7）用人单位违反本法对女职工和未成年工的保护规定，侵害其合法权益的，由劳动行政部门责令改正，处以罚款；对女职工或者未成年工造成损害的，应当承担赔偿责任。

（8）用人单位有下列行为之一，由公安机关对责任人员处以 15 日以下拘留、罚款或者警告；构成犯罪的，对责任人员依法追究刑事责任：

① 以暴力、威胁或者非法限制人身自由的手段强迫劳动的。

② 侮辱、体罚、殴打、非法搜查和拘禁劳动者的。

（9）用人单位违反本法规定的条件解除劳动合同或者故意拖延不订立劳动合同的，由劳动行政部门责令改正；对劳动者造成损害的，应当承担赔偿责任。

（10）用人单位招用尚未解除劳动合同的劳动者，对原用人单位造成经济损失的，该用人单位应当依法承担连带赔偿责任。

（11）用人单位无理阻挠劳动行政部门、有关部门及其工作人员行使监督检查权，打击报复举报人员的，由劳动行政部门或者有关部门处以罚款；构成犯罪的，对责任人员依法追究刑事责任。

（12）劳动者违反本法规定的条件解除劳动合同或者违反劳动合同中约定的保密事项，对用人单位造成经济损失的，应当依法承担赔偿责任。

（13）劳动行政部门或者有关部门的工作人员滥用职权、玩忽职守、徇私舞弊，构成犯罪的，依法追究刑事责任；不构成犯罪的，给予行政处分。

第三节 节约能源法

为了推进全社会节约能源，提高能源利用效率和经济效益，保护环境，保障国民经济和社会的发展，满足人民生活需要，1997 年 11 月 1 日第八届全国人民代表大会常务委员会第二十八次会议通过，1998 年 1 月 1 日中华人民共和国主席令第 90 号公布并施行《中华人民共和国节约能源法》。

一、概述

能源是指煤炭、原油、天然气、电力、焦炭、煤气、热力、成品油、液化石油气、生物质能和其他直接或者通过加工、转换而取得有用能的各种资源；节能是指加强用能管理，采取技术上可行、经济上合理以及环境和社会可以承受的措施，减少从能源生产到消费各个环节中的损失和浪费，更加有效、合理地利用能源。

节能是国家发展经济的一项长远战略方针。国家制定节能政策，编制节能计划，并纳入国民经济和社会发展计划，是为了保障能源的合理利用，并与经济发展、环境保护相协调。

国家鼓励、支持节能科学技术的研究和推广，加强节能宣传和教育，普及节能科学知识，增强全民的节能意识。任何单位和个人都应当履行节能义务，有权检举浪费能源的行为。各级人民政府对在节能或者节能科学技术研究、推广中有显著成绩的单位和个人给予奖励。国务院管理节能工作的部门主管全国的节能监督管理工作，有关部门在各自的职责范围内负责节能监督管理工作。县级以上地方人民政府管理节能工作的部门主管本行政区域内的节能监督管理工作。县级以上地方人民政府有关部门在各自的职责范围内负责节能监督管理工作。

二、节能管理

（1）国务院和地方各级人民政府应当加强对节能工作的领导，每年部署、协调、监督、检查、推动节能工作。

（2）国务院和省、自治区、直辖市人民政府应当根据能源节约与能源开发并举，把能源节约放在首位的方针，在对能源节约与能源开发进行技术、经济和环境比较论证的基础上，择优选定能源节约、能源开发投资项目，制定能源投资计划。

（3）国务院和省、自治区、直辖市人民政府应当在基本建设、技术改造资金中安排节能资金，用于支持能源的合理利用以及新能源和可再生能源的开发。市、县人民政府根据实际情况安排节能资金，用于支持能源的合理利用以及新能源和可再生能源的开发。

（4）国务院标准化行政主管部门制定有关节能的国家标准。对没有前款规定的国家标准的，国务院有关部门可以依法制定有关节能的行业标准，并报国务院标准化行政主管部门备案。制定有关节能的标准应当做到技术上先进，经济上合理，并不断加以完善和改进。

（5）国务院管理节能工作的部门应当会同国务院有关部门对生产量大面广的用能产品的行业加强监督，督促其采取节能措施，努力提高产品的设计和制造技术，逐步降低本行业的单位产品能耗。

（6）省级以上人民政府管理节能工作的部门，应当会同同级有关部门，对生产过程中耗能较高的产品制定单位产品能耗限额。制定单位产品能耗限额应当科学、合理。

（7）县级以上各级人民政府统计机构应当会同同级有关部门，做好能源消费和利用状况的统计工作，并定期发布公报，公布主要耗能产品的单位产品能耗等状况。

三、合理使用能源

（1）用能单位应当按照合理用能的原则，加强节能管理，制定并组织实施本单位的节能技术措施，降低能耗。用能单位应当开展节能教育，组织有关人员参加节能培训。未经节能教育、培训的人员，不得在耗能设备操作岗位上工作。

（2）用能单位应当加强能源计量管理，健全能源消费统计和能源利用状况分析制度。

（3）用能单位应当建立节能工作责任制，对节能工作取得成绩的集体、个人给予奖励。

（4）生产耗能较高的产品的单位，应当遵守依法制定的单位产品能耗限额。超过单位产品能耗限额用能，情节严重的，限期治理。限期治理由县级以上人民政府管理节能工作的部门按照国务院规定的权限决定。

（5）生产、销售用能产品和用能设备的单位和个人，必须在国务院管理节能工作的部门会同国务院有关部门规定的期限内，停止生产、销售国家明令淘汰的用能产品，停止国家明令淘汰的用能设备，并不得将淘汰的设备转让给他人使用。

（6）生产用能产品的单位和个人，不得使用伪造的节能质量认证标志或者冒用节能质量认证标志。

（7）重点用能单位应当按照国家有关规定定期报送能源利用状况报告。能源利用状况包括能源消费情况、用能效率和节能效益分析、节能措施等内容。

（8）重点用能单位应当设立能源管理岗位，在具有节能专业知识、实际经验以及工程师以上技术职称的人员中聘任能源管理人员，并向县级以上人民政府管理节能工作的部门和有关部门备案。能源管理人员负责对本单位的能源利用状况进行监督、检查。

（9）单位职工和其他城乡居民使用企业生产的电、煤气、天然气、煤等能源应当按照国家规定计量和交费，不得无偿使用或者实行包费制。

四、节能技术

（1）国家鼓励、支持开发先进节能技术，确定开发先进节能技术的重点和方向，建立和完善节能技术服务体系，培育和规范节能技术市场。

（2）国家组织实施重大节能科研项目、节能示范工程，提出节能推广项目，引导企业事业单位和个人采用先进的节能工艺、技术、设备和材料。国家制定优惠政策，对节能示范工程和节能推广项目给予支持。

（3）国家鼓励引进境外先进的节能技术和设备，禁止引进境外落后的用能技术、设备和材料。

（4）在国务院和省、自治区、直辖市人民政府安排的科学研究资金中应当安排节能资金，用于先进节能技术研究。

（5）县级以上各级人民政府应当组织有关部门根据国家产业政策和节能技术政策，推动符合节能要求的科学、合理的专业化生产。

（6）建筑物的设计和建造应当依照有关法律、行政法规的规定，采用节能型的建筑结构、材料、器具和产品，提高保温隔热性能，减少采暖、制冷、照明的能耗。

（7）各级人民政府应当按照因地制宜、多能互补、综合利用、讲求效益的方针，加强农村能源建设，开发、利用太阳能、太阳能、风能、水能、地热等可再生能源和新能源。

（8）国家鼓励发展下列通用节能技术：

① 推广热电联产、集中供热，提高热电机组的利用率，发展热能梯级利用技术，热、电、冷联产技术和热、电、煤气三联供技术，提高热能综合利用率。

② 逐步实现电动机、风机、泵类设备和系统的经济运行，发展电机调速节电和电力电子节电技术，开发、生产、推广质优、价廉的节能器材，提高电能利用效率。

③ 发展和推广适合国内煤种的流化床燃烧、无烟燃烧和气化、液化等洁净煤技术，提高煤炭利用效率。

④ 发展和推广其他在节能工作中证明技术成熟、效益显著的通用节能技术。

（9）各行业应当制定行业节能技术政策，发展、推广节能新技术、新工艺、新设备和新材料，限制或者淘汰能耗高的老旧技术、工艺、设备和材料。

（10）国务院管理节能工作的部门应当会同国务院有关部门规定通用的和分行业的具体的节能技术指标、要求和措施，并根据经济和节能技术的发展情况适时修订，提高能源利用效率，降低能源消耗，使我国能源利用状况逐步赶上国际先进水平。

五、法律责任

（1）新建国家明令禁止的高耗能工业项目，要由县级以上人民政府管理节能工作部门提出意见，报请同级人民政府，按照国务院规定的权限，责令停止投入生产或者停止使用。

（2）生产高耗能产品的单位，超过单位产品能耗限额用能，情节严重，经限期治理逾期不治理或者没有达到治理要求的，可以由县级以上人民政府管理节能工作的部门提出意见，报请同级人民政府，按照国务院规定的权限，责令停业整顿或者关闭。

（3）生产、销售国家明令淘汰的用能产品的，由县级以上人民政府管理产品质量监督工作的部门责令停止生产、销售该产品，没收违法生产、销售所得，并处违法所得 1 倍以上 5 倍以下的罚款；可以由县级以上人民政府工商行政管理部门吊销营业执照。

（4）使用国家明令淘汰的用能设备的，由县级以上人民政府管理节能工作的部门责令停止使用，没收国家明令淘汰的用能设备；情节严重的，县级以上人民政府管理节能工作的部门可以提出意见，报请同级人民政府按照国务院规定的权限责令停业整顿或者关闭。

（5）将淘汰的用能设备转让他人使用的，由县级以上人民政府管理产品质量监督工作的部门没收违法所得，并处违法所得 1 倍以上 5 倍以下的罚款。

（6）未在产品说明书和产品标识上注明能耗指标的，由县级以上人民政府管理产品质量监督工作的部门责令限期改正，可以处 5 万元以下的罚款。在产品说明书和产品标识上注明的能耗指标不符合产品的实际情况的，除依照前款规定处罚外，依照有关法律的规定承担民事责任。

（7）使用伪造的节能质量认证标志或者冒用节能质量认证标志的，由县级以上人民政府管理产品质量监督工作的部门责令公开改正，没收违法所得，并可处以违法所得 1 倍以上 5 倍以下的罚款。

（8）国家工作人员在节能工作中滥用职权、玩忽职守、徇私舞弊、构成犯罪的，依法追究刑事责任；尚不构成犯罪的，给予行政处分。

第四节　环境保护法

为保护和改善生活环境与生态环境，防治污染和其他公害，保障人体健康，促进社会主义现代化建设的发展，1989 年 12 月 26 日第七届全国人民代表大会常务委员会第十一次会议通过，1989 年 12 月 26 日中华人民共和国主席令第 22 号公布并施行《中华人民共和国环境保护法》。

一、概述

环境是指影响人类社会生存和发展的各种天然的和经过人工改造的自然因素总体，包括大气、水、海洋、土地、矿藏、森林、草原、野生动物、自然古迹、人文遗迹、自然保护区、风景名胜区、城市和乡村等。

《中华人民共和国环境保护法》将环境保护纳入国民经济和社会发展计划，采取有利于环境保护的经济、技术政策和措施。并鼓励环境保护科学教育事业的发展，加强环境保护科学技术的研究和开发，提高保护科学技术水平，普及环境保护的科学知识。

一切单位和个人都有保护环境的义务，并有权对污染和破坏环境的单位和个人进行检举和控告。县级以上地方人民政府的环境保护行政主管部门，对本辖区的环境保护工作实施统一管理。县级以上人民政府的土地、矿产、林业、水利行政主管部门，依照有关法律的规定，对资源的保护实施监督管理。对保护和改善环境有显著成绩的单位和个人，由人民政府给予奖励。

二、环境监督管理

（1）国务院环境保护行政主管部门制定国家环境质量标准。省、自治区、直辖市人民政府对国家环境质量标准中未作规定的项目，可以制定地方环境标准，并报国务院环境保护行政主管部门备案。

（2）国务院环境保护行政主管部门根据国家环境质量标准和国家经济、技术条件，制定国家污染物排放标准。省、自治区、直辖市人民政府对国家污染物排放标准中未作规定的项目，可以制定地方污染物排放标准；对国家污染物排放标准中已作规定的项目，可以制定严于国家污染物排放标准。地方污染物排放标准须报国务院环境保护行政主管部门备案。凡是向已有地方污染物排放标准的区域排放污染物的，应当执行地方污染物排放标准。

（3）国务院环境保护行政主管部门建立监测制度，制定监测规范，会同有关部门组织监测网络，加强对环境监测的管理。国务院和省、自治区、直辖市人民政府的环境保护行政主管部门，应当定期发布环境公报。

（4）县级以上人民政府的环境保护行政主管部门，应当会同有关部门对管辖范围内的环境状况进行调查和评价，拟订环境保护计划，经计划部门综合平衡后，报同级人民政府批准实施。

（5）建设对环境有污染的项目，必须遵守国家有关建设项目环境保护管理的规定。建设项目的环境影响报告书，必须对建设项目产生的污染和对环境的影响做出评价，规定防治措施，经项目主管部门预审并依照规定的程序报环境保护行政主管部门批准。环境影响报告书经批准后，计划部门方可批准建设项目设计书。

（6）县级以上人民政府环境保护行政主管部门或者其他依照法律规定行使环境监督管理权的部门，有权对管辖范围内的排污单位进行现场检查。被检查的单位应当如实反映情况，提供必要的资料。检察机关应为被检察机关保守技术秘密和业务秘密。

（7）环境污染和环境破坏的防治工作，由有关地方人民政府协商解决，或者由上级人民政府协调解决，做出决定。

三、保护和改善环境

（1）地方各级人民政府，应当对本辖区的环境质量负责，采取措施改善环境质量。

（2）各级人民政府对具有代表性的各种类型的自然生态系统区域，珍稀、濒危的野生动物自然分布区域，重要的水源涵养区域，具有重大科学文化价值的地质构造、著名的溶洞和化石分布区，冰川、火山、温泉等自然遗迹，以及人文遗迹、古树名木，应当采取措施加以保护，严禁破坏。

（3）在国务院、国务院有关部门和省、自治区、直辖市人民政府规定的风景名胜区、自然保护区和其他需要特别保护的区域内，不得建设污染环境的工业生产设施；建设其他设施，其污染物排放不得超过规定的排放标准。已经建成的设施，其污染物排放超过规定排放标准的，限期治理。

（4）开发利用自然资源，必须采取措施保护生态环境。

（5）各级人民政府应当加强对农业环境的保护，防治土壤污染、土地沙化、盐渍化、贫瘠化、沼泽化、地面沉降和防治植被破坏、水土流失、水源枯竭、种源灭绝以及其他生态失调现象的发生和发展，推广植物病虫害的综合防治，合理利用化肥、农药及植物生长激素。

（6）国务院和沿海地方人民政府应当加强对海洋环境的保护。向海洋排放污染物，倾倒废弃物，进行海岸工程建设和海洋石油勘探开发，必须依照法律的规定，防止对海洋环境的污染损害。

（7）制定城市规划，应当确定保护和改善环境的目标和任务。

（8）城乡建设应当结合当地自然环境的特点，保护植被、水域和自然景观，加强城市园林、绿地和风景名胜区的建设。

四、防治环境污染

（1）产生环境污染和其他公害的单位，必须把环境保护工作纳入计划，建立环境保护责任制度；采取有效措施，防治在生产建设或者其他活动中产生的废气、废水、废渣、粉尘、恶臭气体、放射性物质以及噪声振动、电磁波辐射等对环境的污染和危害。

（2）新建工业企业和对现有工业企业进行技术改造，应当采用资源利用率高、污染物排放量少的设备和工艺，采用经济合理的废弃物综合利用技术和污染物处理技术。

（3）建设项目中防治污染的措施，必须与主体工程同时设计、同时施工、同时投产使用。防治污染的设施必须经原审批环境影响报告书的环境保护行政主管部门验收合格后，该建设项目方可投入生产或者使用。防治污染的设施不得擅自拆除或者闲置，确有必要拆除或者闲置的，必须征得所在地的环境保护行政主管部门的同意。

（4）排放污染物的企业事业单位，必须依照国务院环境保护行政主管部门的规定申报登记。

（5）排放污染物超过国家或者地方规定的污染物排放标准的企业事业单位，依照国家规定缴纳超标准排污费，并负责治理。《水污染防治法》另有规定的，依照《水污染防治法》的规定执行。征收的超标准排污费必须用于污染的防治，不得挪作他用，具体使用办法由国务院规定。

（6）对造成环境严重污染的企业事业单位，限期治理。中央或省、自治区、直辖市人民政府直接管辖的企业事业单位的限期治理，由省、自治区、直辖市人民政府决定。市、县或者市、县以下人民政府管辖的企业事业单位的限期治理，由市、县人民政府决定。被限期治理的企业事业单位必须如期完成治理任务。

（7）禁止引进不符合我国环境保护规定要求的技术和设备。

（8）因发生事故或者其他突发性事件，造成或者可能造成污染事故的单位，必须立即采取措施处理，及时通报可能受到污染危害的单位和居民，并向当地环境保护行政主管部门和有关部门报告，接受调查处理。可能发生重大污染事故的企业事业单位，应当采取措施，加强防范。

（9）县级以上人民政府环境保护主管部门，在环境受到严重污染，威胁居民生命财产安全时，必须立即向当地人民政府报告，由人民政府采取有效措施，解除或者减轻危害。

（10）生产、储存、运输、销售、使用有毒化学物品和含有放射性物质的物品，必须遵守国家有关规定，防止污染环境。

（11）任何单位不得将产生严重污染的生产设备转移给没有污染防治能力的单位使用。

五、法律责任

（1）违反本法规定，有下列行为之一的，环境保护行政主管部门或者其他依照法律规定行使环境监督管理权的部门可以根据不同情节，给予警告或者处以罚款。

① 拒绝环境保护行政主管部门或者其他依照法律规定行使环境监督管理权的部门现场检查或者在被检查时弄虚作假的。

② 拒报或者谎报国务院环境保护行政主管部门规定的有关污染物排放申报事项的。

③ 不按国家规定缴纳超标准排污费的。

④ 引进不符合我国环境保护规定要求的技术和设备的。

⑤ 将产生严重污染的生产设备转移给没有污染防治能力的单位使用的。

（2）建设项目的防止污染设施没有建成或者没有达到国家规定的要求，投入生产或者使用的，由批准该建设项目的环境影响报告书的环境保护行政主管部门责令停止生产或者使用，可以并处罚款。

（3）未经环境保护行政主管部门同意，擅自拆除或者闲置防治污染的设施，污染物排放超过规定的排放标准的，由环境保护行政主管部门责令重新安装使用，并处罚款。

（4）对违反本法规定，造成环境污染事故的企业事业单位，由环境保护行政主管部门或者其他依照法律规定行使环境监督管理权的部门根据所造成的危害后果处以罚款；情节严重的，对有关责任人员由其所在单位或者政府主管机关给予行政处分。

（5）对经限期治理逾期未完成治理任务的企业事业单位，除依照国家规定加收超标准排污费外，可以根据所造成的危害后果处以罚款，或者责令停业、关闭。罚款由环境保护行政主管部门决定。责令停业、关闭，由做出限期治理决定的人民政府决定；责令中央直接管辖的企业事业单位停业、关闭，须报国务院批准。

（6）当事人对行政处罚不服的，可以在接到处罚通知之日起 15 日内，对做出处罚决定的机关的上一级机关申请复议；对复议决定不服的，可以在接到复议通知之日起 15 日内，向人民法院起诉。当事人也可以在接到处罚通知之日起 15 日内，直接向人民法院起诉。当事人逾期不申请复议、也不向人民法院起诉、又不履行处罚决定的，由做出处罚决定的机关申请人民法院强制执行。

（7）造成环境污染危害的，有责任排除危害，并对直接受到损害的单位或者个人赔偿损失。赔偿责任和赔偿金额的纠纷，可以根据当事人的请求，由环境保护行政主管部门或者其他依照法律规定行使环境监督管理权的部门处理，当事人对处理决定不服的，可以向人民法院起诉。当事人也可以直接向人民法院起诉。完全由于不可抗拒的自然灾害，并经及时采取合理措施，仍然不能避免造成环境污染损害的，免于承担责任。

（8）因环境污染损害赔偿提起诉讼的时效期间为 3 年，从当事人知道或者应当知道受到污染损害起时计算。

（9）违反规定，造成重大环境污染事故，导致公私财产重大损失或者人身伤亡的严重后果的，对直接责任人员依法追究刑事责任。

（10）违反规定，造成土地、森林、草原、水、矿产、渔业、野生动植物等资源破坏的，依照有关法律的规定承担法律责任。

（11）环境保护监督管理人员滥用职权、玩忽职守、徇私舞弊的，由其所在单位或者上级主管机关给予行政处分；构成犯罪的，依法追究刑事责任。

第五节　可再生能源法

中华人民共和国主席令

第三十三号

《中华人民共和国可再生能源法》已由中华人民共和国第十届全国人民代表大会常务委员会第十四次会议于 2005 年 2 月 28 日通过，现予公布，自 2006 年 1 月 1 日起施行。

中华人民共和国主席　胡锦涛
2005 年 2 月 28 日

中华人民共和国可再生能源法

（2005 年 2 月 28 日第十届全国人民代表大会常务委员会第十四次会议通过）

目 录

第一章 总 则

第一条 为了促进可再生能源的开发利用，增加能源供应，改善能源结构，保障能源安全，保护环境，实现经济社会的可持续发展，制定本法。

第二条 本法所称可再生能源，是指风能、太阳能、水能、生物质能、地热能、海洋能等非化石能源。

水力发电对本法的适用，由国务院能源主管部门规定，报国务院批准。

通过低效率炉灶直接燃烧方式利用秸秆、薪柴、粪便等，不适用本法。

第三条 本法适用于中华人民共和国领域和管辖的其他海域。

第四条 国家将可再生能源的开发利用列为能源发展的优先领域，通过制定可再生能源开发利用总量目标和采取相应措施，推动可再生能源市场的建立和发展。

国家鼓励各种所有制经济主体参与可再生能源的开发利用，依法保护可再生能源开发利用者的合法权益。

第五条 国务院能源主管部门对全国可再生能源的开发利用实施统一管理。国务院有关部门在各自的职责范围内负责有关的可再生能源开发利用管理工作。

县级以上地方人民政府管理能源工作的部门负责本行政区域内可再生能源开发利用的管理工作。县级以上地方人民政府有关部门在各自的职责范围内负责有关的可再生能源开发利用管理工作。

第二章 资源调查与发展规划

第六条 国务院能源主管部门负责组织和协调全国可再生能源资源的调查，并会同国务院有关部门组织制定资源调查的技术规范。

国务院有关部门在各自的职责范围内负责相关可再生能源资源的调查，调查结果报国务院能源主管部门汇总。

可再生能源资源的调查结果应当公布；但是，国家规定需要保密的内容除外。

第七条　国务院能源主管部门根据全国能源需求与可再生能源资源实际状况，制定全国可再生能源开发利用中长期总量目标，报国务院批准后执行，并予公布。

国务院能源主管部门根据前款规定的总量目标和省、自治区、直辖市经济发展与可再生能源资源实际状况，会同省、自治区、直辖市人民政府确定各行政区域可再生能源开发利用中长期目标，并予公布。

第八条　国务院能源主管部门根据全国可再生能源开发利用中长期总量目标，会同国务院有关部门，编制全国可再生能源开发利用规划，报国务院批准后实施。

省、自治区、直辖市人民政府管理能源工作的部门根据本行政区域可再生能源开发利用中长期目标，会同本级人民政府有关部门编制本行政区域可再生能源开发利用规划，报本级人民政府批准后实施。

经批准的规划应当公布；但是，国家规定需要保密的内容除外。

经批准的规划需要修改的，须经原批准机关批准。

第九条　编制可再生能源开发利用规划，应当征求有关单位、专家和公众的意见，进行科学论证。

第三章　产业指导与技术支持

第十条　国务院能源主管部门根据全国可再生能源开发利用规划，制定、公布可再生能源产业发展指导目录。

第十一条　国务院标准化行政主管部门应当制定、公布国家可再生能源电力的并网技术标准和其他需要在全国范围内统一技术要求的有关可再生能源技术和产品的国家标准。

对前款规定的国家标准中未作规定的技术要求，国务院有关部门可以制定相关的行业标准，并报国务院标准化行政主管部门备案。

第十二条　国家将可再生能源开发利用的科学技术研究和产业化发展列为科技发展与高技术产业发展的优先领域，纳入国家科技发展规划和高技术产业发展规划，并安排资金支持可再生能源开发利用的科学技术研究、应用示范和产业化发展，促进可再生能源开发利用的技术进步，降低可再生能源产品的生产成本，提高产品质量。

国务院教育行政部门应当将可再生能源知识和技术纳入普通教育、职业教育课程。

第四章　推广与应用

第十三条　国家鼓励和支持可再生能源并网发电。

建设可再生能源并网发电项目，应当依照法律和国务院的规定取得行政许可或者报送备案。

建设应当取得行政许可的可再生能源并网发电项目，有多人申请同一项目许可的，应当依法通过招标确定被许可人。

第十四条 电网企业应当与依法取得行政许可或者报送备案的可再生能源发电企业签订并网协议，全额收购其电网覆盖范围内可再生能源并网发电项目的上网电量，并为可再生能源发电提供上网服务。

第十五条 国家扶持在电网未覆盖的地区建设可再生能源独立电力系统，为当地生产和生活提供电力服务。

第十六条 国家鼓励清洁、高效地开发利用生物质燃料，鼓励发展能源作物。

利用生物质资源生产的燃气和热力，符合城市燃气管网、热力管网的入网技术标准的，经营燃气管网、热力管网的企业应当接收其入网。

国家鼓励生产和利用生物液体燃料。石油销售企业应当按照国务院能源主管部门或者省级人民政府的规定，将符合国家标准的生物液体燃料纳入其燃料销售体系。

第十七条 国家鼓励单位和个人安装和使用太阳能热水系统、太阳能供热采暖和制冷系统、太阳能光伏发电系统等太阳能利用系统。

国务院建设行政主管部门会同国务院有关部门制定太阳能利用系统与建筑结合的技术经济政策和技术规范。

房地产开发企业应当根据前款规定的技术规范，在建筑物的设计和施工中，为太阳能利用提供必备条件。

对已建成的建筑物，住户可以在不影响其质量与安全的前提下安装符合技术规范和产品标准的太阳能利用系统；但是，当事人另有约定的除外。

第十八条 国家鼓励和支持农村地区的可再生能源开发利用。

县级以上地方人民政府管理能源工作的部门会同有关部门，根据当地经济社会发展、生态保护和卫生综合治理需要等实际情况，制定农村地区可再生能源发展规划，因地制宜地推广应用太阳能等生物质资源转化、户用太阳能、小型风能、小型水能等技术。

县级以上人民政府应当对农村地区的可再生能源利用项目提供财政支持。

第五章　价格管理与费用分摊

第十九条 可再生能源发电项目的上网电价，由国务院价格主管部门根据不同类型可再生能源发电的特点和不同地区的情况，按照有利于促进可再生能源开发利用和经济合理的原则确定，并根据可再生能源开发利用技术的发展适时调整。上网电价应当公布。

依照本法第十三条第三款规定实行招标的可再生能源发电项目的上网电价，按照中标确定的价格执行；但是，不得高于依照前款规定确定的同类可再生能源发电项目的上网电价水平。

第二十条 电网企业依照本法第十九条规定确定的上网电价收购可再生能源电量所发生的费用，高于按照常规能源发电平均上网电价计算所发生费用之间的差额，附加在销售电价中分摊。具体办法由国务院价格主管部门制定。

第二十一条 电网企业为收购可再生能源电量而支付的合理的接网费用以及其他合理的相关费用，可以计入电网企业输电成本，并从销售电价中回收。

第二十二条 国家投资或者补贴建设的公共可再生能源独立电力系统的销售电价，执行同一地区分类销售电价，其合理的运行和管理费用超出销售电价的部分，依照本法第二十条规定的办法分摊。

第二十三条 进入城市管网的可再生能源热力和燃气的价格，按照有利于促进可再生能源开发利用和经济合理的原则，根据价格管理权限确定。

第六章 经济激励与监督措施

第二十四条 国家财政设立可再生能源发展专项资金，用于支持以下活动：

（一）可再生能源开发利用的科学技术研究、标准制定和示范工程；

（二）农村、牧区生活用能的可再生能源利用项目；

（三）偏远地区和海岛可再生能源独立电力系统建设；

（四）可再生能源的资源勘查、评价和相关信息系统建设；

（五）促进可再生能源开发利用设备的本地化生产。

第二十五条 对列入国家可再生能源产业发展指导目录、符合信贷条件的可再生能源开发利用项目，金融机构可以提供有财政贴息的优惠贷款。

第二十六条 国家对列入可再生能源产业发展指导目录的项目给予税收优惠。具体办法由国务院规定。

第二十七条 电力企业应当真实、完整地记载和保存可再生能源发电的有关资料，并接受电力监管机构的检查和监督。

电力监管机构进行检查时，应当依照规定的程序进行，并为被检查单位保守商业秘密和其他秘密。

第七章 法律责任

第二十八条 国务院能源主管部门和县级以上地方人民政府管理能源工作的部门和其他有关部门在可再生能源开发利用监督管理工作中，违反本法规定，有下列行为之一的，由本级人民政府或者上级人民政府有关部门责令改正，对负有责任的主管人员和其他直接责任人员依法给予行政处分；构成犯罪的，依法追究刑事责任：

（一）不依法作出行政许可决定的；

（二）发现违法行为不予查处的；

（三）有不依法履行监督管理职责的其他行为的。

第二十九条 违反本法第十四条规定，电网企业未全额收购可再生能源电量，造成可再生能源发电企业经济损失的，应当承担赔偿责任，并由国家电力监管机构责令限期改正；拒不改正的，处以可再生能源发电企业经济损失额一倍以下的罚款。

第三十条 违反本法第十六条第二款规定，经营燃气管网、热力管网的企业不准许符合入网技术标准的燃气、热力入网，造成燃气、热力生产企业经济损失的，应当承担赔偿责任，并由省级人民政府管理能源工作的部门责令限期改正；拒不改正的，处以燃气、热力生产企业经济损失额一倍以下的罚款。

第三十一条 违反本法第十六条第三款规定，石油销售企业未按照规定将符合国家标准的生物液体燃料纳入其燃料销售体系，造成生物液体燃料生产企业经济损失的，应当承担赔偿责任，并由国务院能源主管部门或者省级人民政府管理能源工作的部门责令限期改正；拒不改正的，处以生物液体燃料生产企业经济损失额一倍以下的罚款。

第八章　附　则

第三十二条 本法中下列用语的含义：

（一）生物质能，是指利用自然界的植物、粪便以及城乡有机废物转化成的能源。

（二）可再生能源独立电力系统，是指不与电网连接的单独运行的可再生能源电力系统。

（三）能源作物，是指经专门种植，用以提供能源原料的草本和木本植物。

（四）生物液体燃料，是指利用生物质资源生产的甲醇、乙醇和生物柴油等液体燃料。

第三十三条 本法自 2006 年 1 月 1 日起施行。

思 考 题

1. 消费者的含义是什么？它有什么特点？
2.《中华人民共和国消费者权益保护法》有什么作用？
3.《中华人民共和国劳动法》规定劳动者享有哪些权利？
4. 劳动合同包括哪些内容？它有什么作用？
5.《中华人民共和国节约能源法》包含哪些内容？它有什么作用？
6.《中华人民共和国环境保护法》包括哪些内容？它有什么作用？

第三章　太阳能概述

【知识目标】

　　了解太阳的本质及利用的必要性；太阳能的储存方式及常见应用；直观了解太阳能装置。

【技能目标】

　　掌握太阳能的储存方式及利用特点。

　　人类利用太阳能的历史悠久，利用方式也多种多样，最古老而又简单的利用方式是晒太阳取暖、晒衣服、晒粮食及晒其他东西，即将太阳辐射能转变为热能利用。因而，就其利用过程来说都是将太阳能转变为其他形式的能加以利用，形成了太阳能利用技术，即采用某些装置或系统将太阳能的辐射能收集、转换或贮藏及利用。因此，按太阳辐射能转换成其他形式，太阳能的利用可分为三种利用方式：光化学转换、光热转换与光电转换。太阳能最常见的光化学转换就是植物的光合作用，即二氧化碳和水在阳光照射下，借助植物的叶绿素，吸收光能转化为碳水化合物之类的生物质的化学能，而贮存于植物或其果实中。光化反应是另一种光化学转换，它是指某些物质在阳光照射下吸热分解，当其在低温时又复合，可释放吸收的太阳能。地球陆地上的植物通过光合作用利用太阳能约为到达地球上太阳能的千分之四到千分之五，但其利用效率却仅千分之五左右。太阳能的光热转换是指通过反射、吸收或其他方式收集太阳辐射能，便之转换为热能并加以利用。太阳能热利用设备主要有：太阳能热水器、太阳房、太阳能烹调器（如太阳灶）、太阳能干燥装置、太阳能温室、太阳能热泵与制冷装置、太阳能热机（提供动力）、太阳炉（可冶炼金属）等。光电转换是把太阳辐射能转换为电能。可通过光电元件（太阳电设施）将太阳能直接转换为电能；也可先把太阳能转换成热能，再通过热发电设备转换为电能。

第一节　太阳能的特点

一、太阳能的产生

　　太阳能（solar energy），一般是指太阳光的辐射能量，是一种干净的可再生能源，太阳能能源是来自地球外部天体的能源（主要是太阳能）。人类所需能量的绝大部分都直接或间接地来自太阳。正是各种植物通过光合作用把太阳能转变成化学能在植物体内贮存下来。煤炭、石油、天然气等化石燃料也是由古代埋在地下的动植物经过漫长的地质年代形成的。它们实质上是由古代生物固定下来的太阳能。广义上的太阳能是地球上许多能量的来源，如风能、水能、海洋温差能、波浪能、生物质能、部分潮汐能以及化石燃料（如煤、石油、天然气等）都源于太阳能。

太阳能是太阳内部连续的氢聚变成氦的核反应过程产生的能量。太阳能每天辐射到地球表面的辐射能大约等于 2.5 亿桶石油，每秒钟辐射到地球上的能量相当于500 万吨标准煤。

二、太阳能的优点

太阳能与常规能源（如煤、石油等）相比，具有三个主要特点。

（1）太阳能具有能量的巨大性的使用寿命的长久性。每年地球陆地上接收的太阳能相当于全球一年内总能耗的 3.5 万倍，是当今世界可以开发的最大能源，也是人类 21 世纪的主要能源。

太阳的能量，按核反应速度及质量亏损率计算，太阳上氢的储量足够维持 600 亿年，与地球上人类历史相比，可以说太阳能是一种取之不尽、用之不竭的长久能源。

（2）太阳能具有其广泛性。因为阳光普照全球，无论在陆地或海洋、高山或平原、沙漠或草地，不分国家与地区都可以就地开发利用，无须开采和运输。

（3）太阳能是一种清洁的能源。在开发和利用过程中没有废渣、废料、废水、废气排出，没有噪声，不产生对人体有害的物质，不会给环境造成污染和生态平衡的破坏，且无论如何利用，对人类都是绝对安全的，在环境污染越来越严重的今天，这一特点极其宝贵。

三、太阳能的缺点

首先，太阳辐射的能量密度较低。一般在北回归线附近夏季阳光较好时，正午时地面上接收的太阳辐照度为 1000 瓦/平方米左右。按全年日平均 500 瓦/平方米左右，而在冬季只有年日平均辐照度的一半。因此，在开发利用太阳能时，需要较大的采光面积。

其次，由于夜晚得不到太阳辐射，需要考虑配备储能设备，供夜晚使用，或增设辅助热源，才能全天候应用。

最后，太阳能还随天气的变化而变化，再加上季节的变异及其他因素，都会影响太阳能利用的稳定性。

四、太阳能开发的必要性

随着经济的发展、社会的进步，人们对能源提出越来越高的要求，寻找新能源成为当前人类面临的迫切课题。现有电力能源的来源主要有 3 种，即火电、水电和核电。

火电需要燃烧煤、石油等化石燃料。一方面化石燃料蕴藏量有限、越烧越少，正面临着枯竭的危险。据估计，全世界石油资源再有 30 年便将枯竭。另一方面燃烧燃料将排出二氧化碳和硫的氧化物，因此会导致温室效应和酸雨，恶化地球环境。

水电要淹没大量土地，有可能导致生态环境破坏，而且大型水库一旦塌崩，后果将不堪设想。另外，一个国家的水力资源也是有限的，而且还要受季节的影响。

核电在正常情况下固然是干净的，但万一发生核泄漏，后果同样是可怕的。苏联切尔诺贝利核电站事故，已使 900 万人受到了不同程度的伤害，而且这一影响并未终止。

第二节　太阳能的储存及利用

太阳能储能技术主要包括机械能、电能和热能的储存。热能是最普遍的能量形式。所谓热能储存，就是把一个时期内暂时不需要的多余热量通过某种方式收集并储存起来，等到需要时再提取使用。

一、太阳能的储存分类

（一）按热能储存的时间长短分类

可以分为随时储存、短期储存和长期储存三大类。

1. 随时储存

以小时或更短的时间为周期，其目的是随时调整热能供需之间的不平衡。例如，利用太阳热水系统进行地板辐射采暖时，其储热水箱的作用在于储热和放热，使房屋采暖维持供需之间的平衡。

2. 短期储存

以天或周为储热的周期，其目的是为了维持一天 （或一周）的热能供需平衡。例如，太阳能集热器只能在阳光好的天气吸收太阳的辐射热，因此集热器收集到的除了满足阳光好的天气供应热水的需要外，还应将部分热能储存起来，供夜晚或阴雨天使用。

3. 长期储存

以季节或年为储存周期，其目的是为了调节季节 （或年）的热量供需关系。例如把夏季的太阳能或工业余热长期储存下来，供冬季使用；或者冬季将天然冰储存起来，供来年夏季使用。

（二）按热能储存的方法分类

可以分为显热储存、潜热储存、化学能储存和地下含水层储热四大类。

1. 显热储存

显热储存是通过蓄热材料温度升高来达到蓄热的目的。蓄热材料的比热容越大、密度越大，所蓄的热量也越多。表 3-1 给出若干蓄热材料的蓄热性质。

表 3-1 若干蓄热材料的蓄热性质

材 料	密度(kg/m³)	比热容 [J/(kg·K)]	单位体积热容[MJ/(m³·K)]	
			无空隙	30%的空隙
水	1000	4180	4.18	2.53
碎铁块	7830	460	3.61	1.74
碎铝块	2690	920	2.48	1.78
碎混凝土块	2240	1130	1.86	1.63
岩石	2680	879	2.33	1.38
砖块	2240	879	1.97	

从表 3-1 中可以看出，水的比热容最大，单位体积的热容也最大，因此水是一种比较理想的蓄热材料。在蓄热材料的选择方面，价格便宜且易大量取得无疑也是一个重要因素。在太阳能采暖系统中都必须配备蓄热装置，采用空气作为吸热介质的太阳能采暖系统通常选用岩石床作为热储存装置中的蓄热材料（见图 3-1），采用水作为吸热介质的太阳能采暖系统则选用水作为蓄热材料（见图 3-2）。

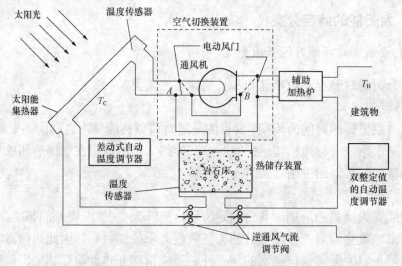

图 3-1 以空气作为工质的太阳能采暖系统

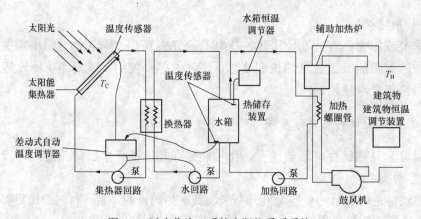

图 3-2 以水作为工质的太阳能采暖系统

2. 潜热储存

潜热储存是利用蓄热材料发生相变而储热。由于相变的潜热比显热大得多，因此潜热储存有更高的储能密度。通常潜热储存都是利用固体—液体相变蓄热，因此，熔化潜热大、熔点在适应范围内、冷却时结晶率大、化学稳定性好、热导率大、对容器的腐蚀性小、不易燃、无毒以及价格低廉是衡量蓄热材料性能的主要指标。表 3-2 给出了常用的低温潜热蓄热材料的性质。

表 3-2　常用的低温潜热蓄热材料的性质

材　料	熔点（℃）	熔化热（kJ/kg）	材　料	熔点（℃）	熔化热（kJ/kg）
六水氯化钙	29.4	170	聚乙二醇 600	20~25	146
十水碳酸钠	33	251	硬脂酸	69.4	199
十二水磷酸二钠	36	280	水	0.0	333.4
十水硫酸钠	32.4	253	甘油三硬脂酸脂	56	190.8
五水硫代硫酸钠	49	200	十水硫酸钠/氯化钠/氯化铵低熔	13	181.3
正十八烷	28.0	243	共晶盐		
正二十烷	36.7	247			

液体—气体相变蓄热应用最广的蓄热材料是水，因为水具有汽化潜热较大、温度适应范围较大、化学性质稳定、无毒、价廉等许多优点。但水在汽化时有很大的体积变化，所以需要较大的蓄热容器，只适用于随时储存或短期储存。

3. 化学能储存

化学能储存是利用某些物质在可逆反应中的吸热和放热过程来达到热能的储存和提取。这是一种高能量密度的储存方法，但在应用上还存在不少技术上的困难，目前尚难实际应用。

4. 地下含水层储热

采暖和空调是典型的季节性负荷，如何采用长期储存的方法来应付这类负荷一直是科学家关注的问题。地下含水层储热就是解决这一问题的途径之一。

含水层储能是利用地下岩层的孔隙、裂隙、溶洞等储水构造以及地下水在含水层中流速慢和水温变化小的特点，用管井回灌的方法，冬季将冷水或夏季将热水灌入含水层储存起来。由于灌入含水层的冷水或热水有压力，它们推挤原来的地下水而储存在井周围的含水层里。随着灌入水量的增加，灌入的冷水或热水不断向四周迁移，从而形成"地下冷水库"或"地下热水库"。当需要提取冷水或热水时，再通过管井抽取。

地下含水层储能可以分为储冷和储热两大类型（见图 3-3）。

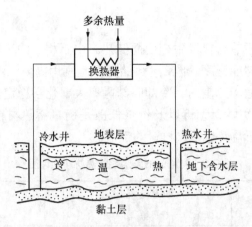

图 3-3　含水层储冷、储热示意图

含水层储冷：冬季将净化过的冷水用管井灌入含水层里储存，到夏季抽取使用，称为"冬灌夏用"。

含水层储热：夏季将高温水或工厂余热水经净化后用管井灌入含水层储存，到冬季时抽取使用，称为"夏灌冬用"。

储热含水层必须具备灌得进、存得住、保温好、抽得出等条件，才能达到储能的目的，因此适合储热的含水层必须符合一定的水文地质条件：

（1）含水层要具备一定的渗透性，含水的厚度要大，储水的容量要多；

（2）含水层中地下水热交换速度慢，无异常的地温梯度现象；

（3）含水层的上下隔水层有良好的隔水性，能形成良好的保温层；

（4）含水层储热后不会引起其他不良的水文地质和工程地质现象，如地面沉降、土壤盐碱化等。

用作含水层储能的回灌水源主要有地表水、地下水和工业排放水。地表水是指江河、湖泊、水库或设施塘等水体。工业排放水则可分为工业回水和工业废水两大类。前者如空调降温使用过的地下水，一般不含杂质，是含水层回灌的理想水源。工业废水含有多种盐类和有害物质，不能作为回灌水源。回灌水源的水质必须符合一定要求，否则会使地下水遭受污染。

除了地下水含水层储热外，大规模的土壤库储热、岩石库储热等地下储能方法也有较好的发展前景。

二、太阳能利用

（一）太阳能热利用技术

1. 太阳能热水器

热水器是太阳能热利用中商业化程度最高、应用最普通的技术。目前，塞浦路斯和以色列人均使用太阳能热水器面积居世界首位，达 1 平方米/人。日本和以色列太阳能热水器用户比例分别为 20% 和 80%。但世界太阳能热水器平均用户比例还非常低，为 1%～2%，同日本相比，相差甚远。此外，服务业、旅游业、公共福利事业等中低温热水器应用市场也非常大。

20 多年来，太阳能热水器在我国得到了快速发展和广泛应用，成为太阳能利用的主流产业。从 20 世纪 80 年代开始，我国先后研制成功全玻璃和热管式真空管集热器，并实现了产业化。控制技术已由简单的仪表控制发展到电脑控制。热水器生产厂近几年以 20%～30% 的速度快速增长。

2. 太阳能建筑

太阳房概念与建筑相结合形成了太阳能建筑技术领域。20 世纪 80 年代国际能源组织（IEA）组织 15 个国家的专家对太阳能建筑技术进行联合攻关，欧美发达国家纷纷建造综合利用太阳能示范建筑。试验表明，太阳能建筑节能率在 75% 左右，已成为最有发展前景的领域之一。我国太阳房开发利用自 80 年代初开始，至今已建成约 1000 万平方米的太阳房，主要分布在山东、河北、辽宁、内蒙古、甘肃、青海和西藏的农村地区。目前，被动太阳房开始由群体建设向住宅小区发展。但我国在技术水平上与国外还有相当大的差距。21 世纪技术攻关的方向是解决太阳能技术与建筑的集成技术，使太阳能采暖和热水器真正纳入建筑设计标准和规范，通过强制性政策法规，逐步实现民用建筑必须有太阳能设计。

3. 太阳灶

常见的太阳灶就是通过镜面的反射作用将阳光汇聚起来进行炊事的装置，又称聚光型太阳灶。它利用旋转抛物面的聚光原理，经镜面反射把阳光汇聚到锅底，形成一个炽热的光团，温度可达 400～1000℃ 以上，能满足一般家庭的炊事要求。

（二）太阳能光伏发电

太阳能光伏发电的应用十分广泛。

20 世纪 90 年代以后，世界光伏组件迅速发展，最近几年平均年增长率超过 30%。世界各国一直通过扩大规模、提高自动程度、改进技术水平、开拓市场等措施降低成本，并取得了巨大进展。商业化电设施效率从 10%～13% 提高到 13%～15%，生产规模从每年 1～5 兆瓦发展到每年 5～25 兆瓦，并正在向 50 兆瓦甚至 100 兆瓦扩大；光伏组件的生产成本降到 3 美元/瓦以下。美国与欧盟分别宣布于 2010 年完成"百万屋顶光伏计划"。在发展中国家，印度在此领域发展很快，目前共有 80 多家公司从事光伏电技术有关的制造业。光伏发电的未来前景已被愈来愈多的国家政府和金融界（如世界银行）所认识。

到 21 世纪中叶，光伏发电有望成为人类的基础能源之一。

1987 年挪威首相布伦特兰夫人在《我们共同的未来》中提出可持续发展，并被 1992 年联合国环境与发展大会采纳，在全球达成共识。把环境与发展纳入统一的框架，确立了可持续发展的模式。此后，世界各国加强清洁能源技术开发，把太阳能利用与世界可持续发展和环境保护紧密结合，发展的目标明确，重点突出，全球共同行动，给太阳能利用可持续技术的发展提供了良好的机遇。1996 年，联合国在津巴布韦召开"世界太阳能高峰会议"，会后发表了《哈拉雷太阳能与持续发展宣言》，会上讨论了《世界太阳能 10 年行动计划》（1996～2005）、《国际太阳能公约》、《世界太阳能战略规划》等重要文件。

近 30 年来，太阳能利用技术在研究开发、商业化生产、市场开拓方面都获得了长足的发展，成为世界快速、稳定发展的新兴产业之一。预计到 21 世纪中叶，可再生能源在世界能源结构中将占到 50% 以上。

三、太阳能的利用方式及发展趋势

我国的光伏技术产业化及市场发展经过 20 多年的努力已形成了一定的基础，但总体水平与国外还有相当大的差距。主要表现为：①生产规模小。目前我国只有七八家太阳能电设施生产厂，分布在昆明、宁波、秦皇岛、保定、深圳等地，生产规模总和不足 10 兆瓦，无法形成经济规模。其中，中法合作深圳太阳能研发基地是迄今为止国内最大的光伏产品设计、开发、生产项目。②技术水平低。电设施效率、封装水平同国外存在一定差距。③专用原材料性能有待进一步改进。④成本高。目前我国电设施组件成本约 30 元/瓦，平均售价 42 元/瓦，成本和售价都高于国外产品。联合国专家针对世界光伏产业的发展作了更详细的分析和预测，预计到 2015 年，发电成本降至 0.045～0.091 美元，在相当大的市场上开始具有竞争力；2015 年后，发电成本低于 0.045 美元，则在几乎整个电力市场具有竞争力。

随着当代科技的进步，人们已经清楚地意识到需要寻求一种更加可持续的能源利用方式来迎合社会进步和新的市场需求。太阳能这种持久、普遍、巨大且洁净、无污染能源的利用必然要受到人们的重视。但太阳能存在能流密度低和受各种因素（季节、地点、气候等）的制约而使辐射强度不能维持常量的缺点。给其利用技术以及经济预期带来了诸多问题，使这种古老的能源利用长期处于探索、试验及利用的初级阶段。要获得其完善永续的利用技术，还要走很长的路，需要在其应用技术基础等领域做很多深入细致的研究。

思　考　题

1. 太阳能是否属于清洁能源？
2. 人类利用太阳能目前有哪几种能量转换方式？
3. 太阳能的储存分类是怎样的？

第四章　太阳能集热器

【知识目标】
　　太阳能集热器的定义、类型及工作原理。
【技能目标】
　　太阳能集热器的工作原理。

第一节　平板型太阳能集热器

　　太阳能集热器是一种收集太阳辐射并向流经自身的传热工质（水）传递热量的装置。它是太阳热水器最重要的组成部分，其热性能与成本对太阳热水器的优劣起着决定性作用。

　　太阳集热器可以根据不同方法进行分类：

　　（1）按传热工质不同可分为液体集热器和空气集热器；

　　（2）按收集太阳辐射方法不同可分为聚光型太阳集热器和非聚光型太阳集热器；

　　（3）按集热器是否跳跃太阳可分为跳跃集热器和非跳跃集热器；

　　（4）按集热器结构不同可分为平板集热器、真空管集热器和热管真空管集热器；

　　（5）按集热器的工作温度不同可分为 100℃以下的低温集热器、100～200℃的中温集热器和200℃以上的高温集热器。

　　无论是太阳热水器、太阳房、太阳能干燥器、太阳能热发电等，都离不开太阳集热器。

　　太阳集热器在生活热水应用方面，如：生活用水、游泳设施水加温等，水温一般要求在25℃左右，采用平板集热器效果十分好；建筑行业的采暖和空调，包括地下水防工程的除湿、加温等诸多领域也应用广泛。太阳集热器若采用真空隔热、选择性吸收涂层及跳跃技术聚光型集热器，其集热温度为 200～500℃，可用于太阳能热发电系统。

一、概述

　　太阳能集热器是一种吸收太阳辐射能量并转换为热量向工质传热的基本部件。太阳能集热器有多种类型，其中采光面积与吸热面积相等的、外形呈平板形的称为平板型太阳能集热器（见图 4-1），是非聚光的太阳能集热器；采光面积大于吸热面积具有聚光功能的称作聚光（聚焦）型太阳能集热器。

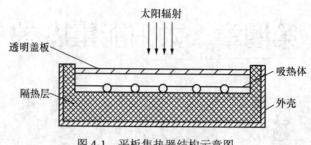

图 4-1　平板集热器结构示意图

1. 分类

以工质的种类不同可分为两大类：

（1）工质为液体（常为水）的称为热水器；

（2）工质为气体（常为空气）的称为空气集热器。

2. 特点

与聚光型太阳能集热器对比，特点如下：

（1）整体结构较简单，不需跟踪；

（2）可同时利用直射辐射和散射辐射；

（3）接收的辐照度较低，故工质的温度也不很高；

（4）成本较低，使用方便，安全可靠。

3. 应用范围

凡工作温度低于 100℃ 的领域内，原则上都可以用平板型集热器作为热交换器。当前已得到推广应用或者处于示范阶段应用的有以下几方面。

（1）供给热水。①工业用热水，如洗涤罐头瓶、电影胶卷、制革、生产毛皮等；②生活用热水，如浴室、家用洗澡、洗器具、理发馆、餐厅、医院、旅店等。

（2）工农业生产方面。干燥农作物、温水养鱼、中药材干燥、温室加热沥青、温室种植蔬菜、丝绵干燥等方面的应用，具有较好经济社会效益。

（3）采暖、空调与制冷。国内外都有这方面的示范工程，因成本高，故未达到推广应用阶段。但我国在人防工程中已开始采用空气集热器进行除湿、加温；在大型真冰溜冰场工程中，也用之加温除湿或地基保温，效果明显，正逐步推广。

（4）游泳设施加热。可以延长游泳设施使用时间，南方冬天仍可使用；北方在夏天加热冲洗澡的自来水，可防止自来水过凉。

二、工作原理、结构和温度分级

1. 工作原理

其原理为"热箱"原理，热箱示意图如图 4-2 所示。

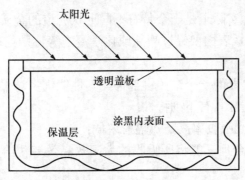

图 4-2　热箱示意图

热箱的一面面向太阳并有透明盖板，另一面内壁涂黑且为不透气的保温层。当太阳光透过透明盖板进入箱内，便被内壁黑色涂层吸收，转为热能，使箱内载体介质被加热。这里玻璃起主要的作用，因为太阳在 6000 卡路里时发射的能量大部分在短波段内，短波可直接透过玻璃。转为热能后，箱内温度较低，一般在 100℃ 以下，此时箱体或载热体发射的能量多在长波段内，由于玻璃不透长波的特性，因此大部分热量被保存在热箱里。这种热箱与玻璃相结合的保温特性常被称为"温室效应"。

由此看出平板型集热器实际上是一个热交换器，它是将太阳的辐射能转换为热能的一种设备。它在几个方面不同于常规的换热器，后者通常变成流体－流体间的热交换，此过程中有高的换热率而辐射不是一个主要因素。在太阳能平板型集热器中，能量传递是从远距离的辐射源到流体，投射辐射能量最多不超过 1100 瓦/平方米，而且是变化的，波长范围是从 0.3～3.0 微米，这比大多数能量吸收表面所发射辐射的波长要短得多。所以平板型太阳能集热器出现的特殊问题是能量通量低，且是变化的，辐射的重要性比较突出，以及在能量交换过程中的热损失占有相当比例因而不能忽略不计。

2. 基本结构

平板集热器基本结构就是按照"热箱"原理进行设计的。平板集热器如图 4-3 所示，大体上由集热板、透明盖板、隔热层和外壳四部分组成。

（1）集热板。集热板通过集热器吸收阳光，并把它转换为热能传给集热介质的

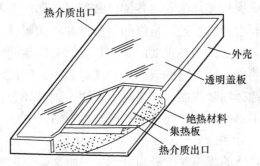

图 4-3　典型平板焦热器原理结构示意图

一种特殊的热交换器。实际上是一个带有不同形状流道的金属薄板。为了能够有效地吸收太阳光能，集热板表面要经过喷涂或化学浸泡等特殊处理，使其变成"黑色"或选择性吸收面。

集热板是平板集热器的一个最关键部件，其性能优劣对平板集热器的工作特性起着决定性的作用。它应具有下列特性：

① 吸收表面的阳光吸收率高，热辐射率低；

② 传热结构设计合理，能将所吸收的太阳热高效率传给集热介质，即肋片效率高；

③ 长期使用，具有良好的耐天候性和耐热性能；

④ 对集热介质具有良好的耐腐蚀性能；

⑤ 加工工艺简单；

⑥ 省材料，价格便宜。

（2）透明盖板。平板集热器的面部要覆盖透明盖板，其目的在于使阳光能进入箱体内，并且透明盖板和集热板之间构成一定高度的空气夹层，以减少集热板对环境的对流和辐热损失，并同时保护集热板和其他部件不受雨、雪、灰尘、污物的侵袭。透明盖板应具有下列特性：

① 阳光透过率高，吸收率和反射率低；

② 对热辐射具有低的透过率；

③ 对风压、积雪、冰雹、投掷石子等外力和热应力具有较高的机械强度；

④ 不透雨水；

⑤ 对雨水和环境中的有害气体具有一定的耐腐蚀性能；

⑥ 长期暴露在大气和阳光下，上述特性无严重恶化。

（3）隔热层。为了降低整个集热器的热损失，在集热板的底部和四侧，必须填充一定厚度且绝热性能良好的隔热层。用作隔热层的绝热材料，应具有下列特性：

① 材料的导热系数低；

② 工作温度超过 200℃；

③ 受水浸湿后，不能析出有腐蚀性的物质。

（4）外壳。外壳是保护集热板和将各部件装配成一体所必不可少的骨架。它应具有较好的机械强度和水密封性能，良好的耐腐蚀和耐天候性。

由上可见，平板集热器结构最重要的是集热板，它的截面有圆形、方形、波浪形等让流体通过吸收热量，同时它的表面处理成对太阳之短波辐射吸收良好而本身具有长波辐射较低的选择性吸收面。如果喷上黑漆，则越薄越好，以免增加热阻。吸收面材料可用铜、铝、不锈钢、镀锌铁皮或塑料材料等制成。

3. 温度分级

平板型太阳能集热器的集热温度分为低、中、中高、高四个等级，不同集热温度等级的集热器要求不同的结构和应用场合。温度分级如表4-1所示。

表 4-1　温度分级

区分	温度范围（℃）	用途实例	集热器构造
低温	$t_a+(10\sim20)$ （t_a 为环境温度）	预热给水、热泵热源、农业用加热池子等	无玻璃或单层玻璃 太阳池等
中温	$t_a+(20\sim40)$	用于供暖、供热水、工艺过程等	单层玻璃（黑色选择膜） 双层玻璃（黑色涂料）
中高温	$t_a+(40\sim70)$	用于吸收式制冷机；供冷、暖（空调）	单层玻璃（选择膜） 单层玻璃（蜂窝状） 双层玻璃（选择膜）
高温	$t_a+(70\sim120)$	用于朗肯循环机； 用于双效吸收式制冷机	真空管（选择膜）

三、常见的平板太阳能集热器

1. 直管式平板集热器

直管式平板集热器是一系列平行的直管采用焊接、黏接或铁丝扎接等方法，紧密贴合在金属热板上。贴合好坏，是影响集热器性能的关键。

2. 瓦楞式平板集热器

这种型式集热器的集热体外形呈瓦楞型，瓦楞板和平板形成平行的瓦楞沟道。

3. 扁管式平板集热器

这种形式集热器的集热体是一系列平等扁管，有圆口扁管和矩形扁管两种。用以改善直管式集热效率低和瓦楞式加工难度大的不足。圆口扁管壁厚为 1.3 毫米左右，矩形扁壁厚度为 1.0 毫米左右，用镀锌铁皮高频焊接而成。集热板为 0.5 毫米厚的镀锌铁皮，与扁管之间采用锡焊焊接，管间距离为 70 毫米。

4. 翼管式平板集热器

这种形式集热器的结构与直管式平板集热器基本相同，不同之处是集热体由翼管代替了直管，其集热效果更佳。常用的翼管是铝翼式和铜铝复合式。铝翼式是采用防锈铝合金以热挤压工艺一次成型的带翼铝合金管。大大降低了管板间的结合热阻，再者铝的导热系数高，减少了管液间的热阻，其具有热效率高、结构紧凑、机械强度好、承压能力强等优点。但集管和翼条焊接难度大，常用氧气焊、气体保护焊或氩弧焊；铜铝复合式是采用铜管和铅带以碾压复合和吹胀工艺两次成型的铝翼铜芯的翼条，铜铝复合式由于铜铝间达到了金属结合，同样具有铝翼式的优点。此外，由于使用铜铝复合材料，流道内部没有电化学腐蚀，比铝翼式提高了吸热体寿命，水质较清洁。但集管和翼条需采用锡焊，焊接虽容易，但其机械强度较差。

5. 真空玻璃管式集热器

这种型式平板集热器是一组具有镀铬涂层的真空玻璃管，如图 4-5 所示。

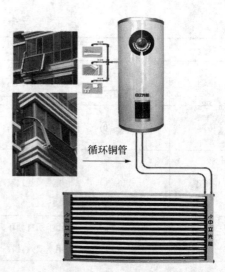

循环铜管

图 4-4　平板型太阳能集热器　　　图 4-5　真空玻璃管式平板型太阳能集热器

这种集热器，在其集热管下方还可加装平面反射镜，达到保证集热效率的条件下减少集热管的数目。根据实测，管间最佳距离为 82 毫米。

表 4-2　几种常用平板集热器性能汇总表

特性		直管式	瓦楞式	扁管式	翼管式	真空玻璃管式
采光面积（m²）		3	1.5	1.67	1.8	取决于长度及数量
玻璃盖板	厚度（mm）	3	3	3	3/5	无
	层数	2	2	2	1/1	无
使用寿命（年）		5～10	5～10	5～10	15	5～10
性能特点		加工简单，价格便宜；承压 3 兆帕，不易漏水或渗水；集热效率较低	集热效率高，可达 70%；加工难度大，承压 0.6 兆帕，易漏水或渗水，严重影响使用寿命	加工方便，价格便宜；承压 3 兆帕，不易漏水或渗水；集热效率比直管式有明显提高	集热效率高；承压 6 兆帕，不易漏水或渗水；使用寿命长	常年工作，最高集热 90℃，集热效率高；承压 3～6 兆帕，工艺复杂，价格贵

第二节　聚光型太阳能集热器

平板型集热器的特点是直接采集自然阳光，其采光面积等于集热面积，等于散热面积。所以理论上不可能运行在较高的温度，为了更有效地利用太阳能，必须设法提高阳光的能量密度，减少吸收器的尺寸以降低热损失，使得装置在较高的集热温度下并具有较高的集热效率，即为聚光型太阳能集热器（见图 4-6）。

图 4-6　聚光型太阳能集热器

一、聚光型太阳能集热器的构成及其工作原理

聚光集热器大体上由三部分组成：聚光器、吸收器、跟踪系统。

工作时，自然阳光经过聚光器聚焦到吸收器上，为吸收器所吸收并传给在吸收器内流动的集热工质，从而将太阳能变成有用的高温热能。跟踪系统则保证聚光器时刻对准太阳位置。

二、聚光系统的分类

1. 根据所使用的光学系统分类

（1）反射光学聚光系统抛物面聚光器，球形聚光器。

（2）折射光学聚光系统菲涅尔透镜。

2. 根据焦斑形状分类

（1）一维聚光（线聚焦）系统；

（2）二维聚光（点聚焦）系统。

3. 各种聚光方式图例

聚光方式见图例（图 4-7）。

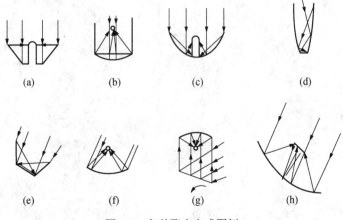

图 4-7　各种聚光方式图例

思　考　题

1. 什么是太阳能集热器？
2. 平板型太阳能集热器与聚光型太阳能集热器的主要区别是什么？
3. 以平板型太阳能集热器为关键部件的太阳能产品是什么？
4. 以聚光型太阳能集热器为关键部件的太阳能产品是什么？

第五章　太阳能热水器

【知识目标】
　　太阳能热水器的主要类型及系统工作原理。
【技能目标】
　　平板型太阳能热水器的安装、验收及管理维护。

　　太阳能热水器是现实的、比较经济的并已得到广泛应用的太阳能热利用装置。早在 1929 年，在美国加利福尼亚州首先使用太阳能热水器。20 世纪 40 年代后期，在澳大利亚、以色列和日本部分地区，用太阳能加热水已成为提供家庭生活用热水的普通方法。70 年代以后，由于常规能量的日益短缺，使用太阳能热水器装置节约常规能源普遍受到各国的重视，使用范围从家庭生活用热水逐渐扩大到工业、农业和公共福利事业。近年来，我国太阳能热水器装置也正在逐步发展和推广应用。

　　太阳能热水装置是太阳能热利用中最简单、最基本的应用。设计热水系统时的一些重要考虑，对太阳能采暖和空调系统同样是需要的。后者规模更大、系统更为复杂。从这个意义上说，研究太阳能热水装置是太阳能低温利用的入门。

　　平板集热器是太阳能热水器装置的主体。

第一节　概　　述

　　太阳能热水器是现实的、比较经济的并已得到广泛应用的太阳能热利用装置。它是利用温室原理，将太阳的辐射能转变为热能，向水传递热量，从而获得热水的一种装置。早在 1929 年，在美国加利福尼亚州首先使用太阳能热水器。20 世纪 40 年代后期，在澳大利亚、以色列和日本部分地区，用太阳能加热已成为提供家庭生活用热水的普通方法。70 年代以后，由于常规能量的日益短缺，使用太阳能热水器装置节约常规能源普遍受到各国的重视，使用范围从家庭生活用热水逐渐扩到工业、农业和公共福利事业。近年来，我国太阳能热水器装置也正在逐步发展和推广应用。

　　太阳能热水器由集热器、储热水箱、循环水泵、管道、支架、按制系统及相关附件组成。家用太阳能热水器通常可分为闷晒型、平板型、真空管型（包括热管真空管热水器）。平板集热器是太阳能热水器装置的主体。

　　太阳能热水器可根据使用时间不同，分为季节性太阳能热水器（无辅助热源）和全年使用的全天候太阳能热水器（有辅助热源及控制系统）。根据国家标准 GB/T

18713 和行业标准 NY/T 513 的规定，凡储热水箱的容水量在 0.6 吨以下的太阳能热水器称为家用太阳能热水器，大于 0.6 吨的则称为太阳能热水系统。

第二节　太阳能热水器类型及系统

最普通的太阳能热水器系统由平板集热器、蓄水箱和连接管道组成。不同的连接方式构成了不同类型的热水装置。

太阳能热水装置就其流动方式而言大体可分为三类：循环式、直流式和整体式。

一、循环式

按形成水循环的动力可分为自然循环式和强制循环式两种。

1. 自然循环式

自然循环式如图 5-1 和图 5-2 所示。

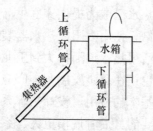

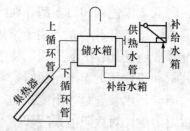

图 5-1　自然循环式（无补水箱）　　　　图 5-2　自然循环式（有补水箱）

特点：蓄水箱置于集热器上方。

工作原理：水在集热器中受太阳辐射加热，温度升高。由于集热器中与蓄水箱中水的温差，产生比重差，形成系统的热虹吸压头，使热水由上循环管进入水箱上部，同时箱底的冷水由下循环管流入集热器下部，形成循环。在不断的循环运行过程中，系统的水温逐渐提高，经过一段时间后，水箱中的热水即可供使用。在用水的同时由补给水箱向蓄水补充冷水。对于小型（如家用）的装置，可省去补给水箱，将供热水管与补冷水管合二为一设在蓄水箱的底部（这时必须待整箱水被加热后方可使用，在不用热水时才能补充冷水）。

优点：结构简单、运行可靠且控制不需外来能源。

缺点：蓄水箱必须置于集热器上方（为了防止系统在夜间产生倒循环散热现象及维持必要的热虹吸压头）；不适用于大型装置（以免由于水箱过大，在建筑布置及负载考虑都会带来一些问题）；要求有良好的保温（水箱大多置于室外易散热）。

2. 自然循环定温放水式

自然循环定温放水系统如图 5-3 所示。这类热水装置，由小容积的热水箱与集热器组成自然循环回路，其产生的热水由另一蓄热水箱贮存。

循环加热方式同自然循环式，当小水箱上部水温升高到预定上限时，置于水箱的电接点温度计发出讯号打开水管上的电磁阀,将热水排至蓄热水箱内。同时由补给水箱向循环水箱补充冷水,当水温低于下限时,电磁阀关闭。这样系统周而复始地向蓄热水箱输送恒定温度的热水供使用。

特点:这种系统中的小水箱只起循环的功能,蓄热水箱可以置于较低的位置(这样就减轻了建筑的承重),不足之处是其工作可靠性很大程度取决于电磁阀的寿命。

3. 强制循环式

强制循环式热水系统如图 5-4 所示。这种热水装置靠水泵使水在集热器与放置在较低位置的蓄水箱间循环。系统中装有控制装置,当集热器顶端的水温比蓄水箱底部的水温高出若干度时,控制装置启动水泵,反之两者的温度差低于限定值时水泵停止运行。强制循环式适用于大型热水系统。

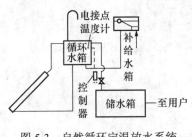

图 5-3　自然循环定温放水系统

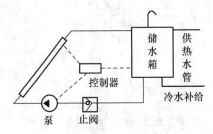

图 5-4　强制循环式热水系统

二、直流式

直流式也称一次式。通常有热虹吸式和定温放水式。

1. 热虹吸式

热虹吸式直流式热水系统如图 5-5 所示。它由集热器、补水箱、蓄水箱与连接管道组成开式系统。

工作原理:补给水箱的水位由浮球阀控制,其水位低于集热器出口热水管(上升管)的最高位置。在无阳光照射时,根据连通器原理,集热器、上升管和下降管均充满水,但不流动。当集热器接受热量后,其内部水温上升,系统中形成热虹吸压头,从而使上升管中的水热流入蓄热水箱中,而补水箱中的冷水则经下降管进入集热器。光照越强,所得热水量也越多。太阳照射一段时间以后,在蓄水箱中即可收集到一定数量可供使用的热水(其温度高低视水箱水位与上升管最高水位差而定)。其实质是密度差引起的水位差。

2. 定温放水式

定温放水式直流式热水系统如图 5-6 所示。它亦是由集热器、蓄水箱组成的开式系统。蓄水箱可放置在任意位置。

工作原理:为了得到符合使用要求的热水,在集热器出口安装温度敏感元件,通过控制器操纵装在集热器入口管路上的电动阀的开度,根据出口温度来控制调节流量,使出水口温度始终保持一定。在此系统中可取消补水箱,供水直接来自自来水。它的可靠性亦取决于电动阀的质量。

直流式太阳能热水装置既不需要水泵，又可避免自然循环的缺点，在具备可靠工作的电动阀的条件下，应是结构合理、值得推广的太阳能热水装置形式。

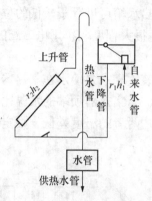

图 5-5　热虹吸式直流式热水系统

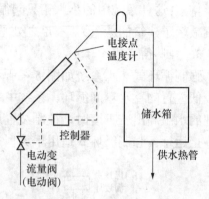

图 5-6　定温式放水式直流式热水

三、整体式

特点：集热器与蓄水箱合二而为一。

实质上是一个表面涂黑的贮水容器，水在容器内不流动，靠容器壁吸收太阳辐射后对它传热，经过一个白天，整个容器内的水被加热，到傍晚即可使用。

分类：按结构形式可分为开放式、塑料薄膜袋式、闷晒式（圆筒式、方箱式）。

1. 开放式（浅设施式）

如图 5-7 所示，开放型热水器实质是一个浅池，底部和四周涂上黑色涂料，外部加保温层，上面盖一层透明材料。外壳是整体的，材料有金属、塑料、搪瓷和水泥等，只要不漏水即可。浅设施式热水器结构简单、造价低，但需水平放置，高纬度地区不便使用。其缺点是水的部分蒸发使透明材料内表面有一层水汽，降低了其透明度，影响热效率（其本身热效率也低）；设施内易长青苔，需定期清洗。浅设施式热水器一般放置在房子顶上。

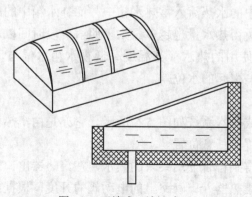

图 5-7　开放式（浅池式）

2. 塑料薄膜袋式

单筒式塑料薄膜袋式热水器如图 5-8 所示，双筒式塑料薄膜袋式热水器如图 5-9 所示。该种型式热水器是利用聚乙烯等塑料薄膜或红泥塑料热合成袋形热水器。通常塑料袋的顶部用透明薄膜，底部为黑色薄膜，或全部都用黑色膜制成。为了防止热量向周围散失，底部加保温层，而顶部再加一透明塑料膜。这种热水器效果和浅设施式相仿，价格更为低，不用时可折叠存放，且携带方便。缺点是塑料制品在阳光下易老化，使用寿命不长（2～3 年）。

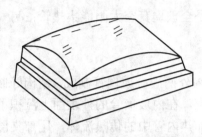 

图 5-8　单筒式塑料薄膜袋式热水器　　　图 5-9　双筒式塑料薄膜袋式热水器

3. 闷晒式（封闭式）

这种热水器是浅设施式热水器工厂化生产的改进，即由敞开式容器改成密闭式容器。它可倾斜放置，因而能接受更多的太阳辐射能，提高热效率，容器内不会长青苔。

该类热水器实质上是利用热容变化来工作的。

这种热水器包括单筒式、双筒式、多筒式、闷箱式。闷箱式热水器和带反射镜的闷晒式热水器如图 5-10 所示，水路设计如图 5-11 所示。

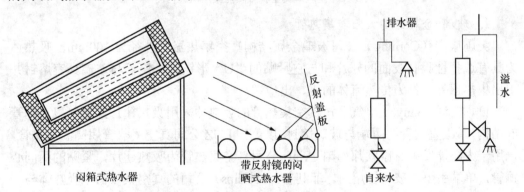

图 5-10　闷箱式热水器和带反射镜的闷晒式热水器　　图 5-11　水路设计

该热水器总的特点是结构比较简单、制造和安装方便、效率高、成本低。缺点是承受压力较低；装置保温性能差（最好及时使用热水），使它的应用范围受到限制。但对农村或城市家用热水，仍然有一定使用价值。

第三节　真空管太阳能热水器

具有中国特色的太阳能热水器是玻璃真空管太阳能热水器，这种热水器目前已在国内外得到广泛的应用。全玻璃真空管太阳能热水器适用范围广，即使在 0 度气温条件下仍能正常运行，品质卓越，性能优良，安装维修方便。

一、类型和结构

真空管太阳能热水器常见有两种，一种是全玻璃真空太阳能集热管；另一种是玻璃-金属结构真空太阳集热管。

1. 全玻璃真空管太阳能集热器

结构如图 5-12 所示，这种集热器是利用内外两同心玻璃管制成，结构好似一个拉长的暖水瓶。两玻璃管之间的夹层抽成真空，在内玻璃管的外表面上沉积了选择性吸收涂层，用来吸收太阳光转换为热能以加热内管中的传热流体，尾部夹层间用不锈钢弹簧卡子将内管自由端支撑，卡子顶部带有消气剂，以消除集热真空管长期使用中放出的气体，维持夹层的真空度。

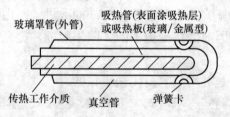

图 5-12　全玻璃真空管太阳能集热器结构图

2. 玻璃-金属结构太阳能集热管

美国康宁（Corning）公司玻璃金属结构真空集热器管外径为 100mm，吸热体为具有选择性吸收表面的翅片和与它紧贴的"U"形铜管。铜管与玻璃真空熔封并引出集热器外，作为传热流体的进、出口端。

日本三洋（Sanyo）电气公司真空集热管的吸热体采用吸热翅片紧贴单根直铜管的结构，单根直铜管的两端与玻璃熔封。以色列 LUZ 公司真空集热管属高温集热管，已用于太阳能发电。原联邦德国 Pring 公司真空集热管为吸热翅片，紧贴的两同心铜管，单端引出与玻璃管熔封。菲利普 （Philips）公司的真空集热器中吸热体与一带翅片的热管相连称之为热管式真空集热管。

二、材料与工艺流程概述

1. 玻璃

对玻璃的要求，首要的是透光性能。真空集热管所用的玻璃是 SiO_2 和 B_2O_3 含量超过 90%的高硼硅玻璃。

制作真空管集热管的玻璃在力学性能方面,十分重要的要求是耐热冲击性要好、热膨胀系数要低,故常见的普通灯泡玻璃、日光灯、窗玻璃等玻璃材料皆不宜选用。

2. 选择性涂层材料

真空集热管内使用涂层材料需要考虑吸收表面的真空性和它的耐温性(400℃以上)。用黏结剂、溶剂等调配的涂层材料,因不断挥发出来的气体将损坏真空度,故不宜选用。

德国 Pring 公司的玻璃-金属结构的集热管是在铜板上沉积黑铬吸收层。美国 Owens-Illinois 公司是在玻璃管上先沉积铝膜再真空蒸发黑铬。

3. 工艺流程框图

见图 5-13。

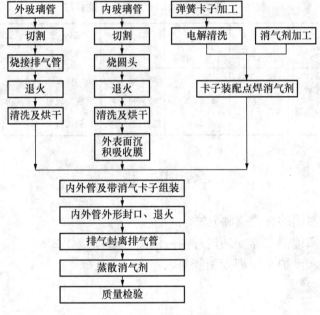

图 5-13　工艺流程框图

三、真空管集热器与热水系统效率

太阳能真空管式热水系统如图 5-14 所示,该系统为家用自然循环系统,主要由真空集热器(管)组件、水箱(与联集管合一)、反射板、尾座及使用管路组成。

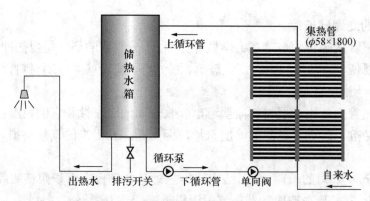

图 5-14 全玻璃真空管热水器工作原理图

真空管型太阳能集热器性能参数见表 5-1。

表 5-1 真空管型太阳能集热器性能参数

材料	涂层	许用压力 (kg/cm²)	尺寸 (mm)	晴天产 水温度	每天产 热水量	太阳能 吸收率	抗冰雹性能
高硼硅玻璃	磁控溅射 氮化吸收涂层	≤6	φ 58×1800	40～85℃与 季节和太阳 辐射强弱有关	7～10kg/支与 太阳辐射 强弱有关	≤94%以上	≤ φ 25mm

思 考 题

1. 太阳能热水器的种类有哪几种？
2. 平板型太阳能热水器安装过程中应注意的事项是什么？
3. 如何管理和维护平板型太阳能热水器？

第六章　太　阳　灶

【知识目标】
　　太阳灶的用途及工作原理。
【技能目标】
　　平板型太阳能热水器的安装、验收及管理维护。

第一节　太阳灶的用途和工作原理

　　常见的太阳灶就是通过镜面的反射作用将阳光汇聚起来进行炊事的装置，又称聚光型太阳灶。在每个家庭的院落中，只要阳光好，就可以利用太阳灶进行炊事。太阳能资源可谓取之不尽，用之不竭，既无污染，又不需要运输，是世界上最清洁最廉价的自然能源。

一、太阳灶的用途

　　太阳灶有不同类型，炊事功能也不相同。应用最多的普通聚光式太阳灶相当于800～1200 瓦功率的电炉，可以用来烧开水、做米饭、烙饼、炖肉、烩菜、炒鸡蛋、煮面条等，除去爆炒大盘菜火候显得不足外，一般三、四口之家用太阳灶炊事，是足以胜任的。

二、太阳灶的工作原理

　　聚光太阳灶是一种使用最广泛、效果最好的太阳灶。它利用旋转抛物面的聚光原理，经镜面反射把阳光汇聚到锅底，形成一个炽热的光团，温度可达 400～1000 ℃以上，同普通炉灶一样，能满足一般家庭的炊事要求。我国目前推广的上百万台太阳灶，基本上都是这种。本章介绍的太阳灶，就是抛物面聚光太阳灶。

　　抛物线与抛物面

　　（1）什么是抛物线。抛物线是我们在抛出一个物体时，物体在抛力与重力的作用下所运行的路线。如你掷出一个小石子，它飞行的这一段轨迹，就是一条抛物线。抛力大小不同、抛出角度不同就会得到不同的抛物线。图 6-1 为一个人抛出一颗石子，石子运行的轨迹，就是一条抛物线。生活中抛出的石子飞行轨迹其开口是向下的，我们在制图时画出的抛物线却习惯于开口向上，如图 6-2 所示。需要说明的是，

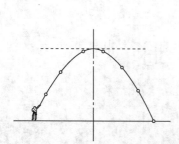

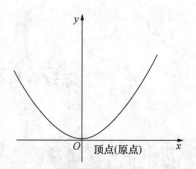

图 6-1 抛出的石子运行的抛物线轨迹（开口向下）   图 6-2 实际抛物线图（开口向上）

抛物线在太阳灶制作中的应用，却不是用扔石子的方法取得的，而是根据抛物线的方程计算得出的。

（2）抛物面的聚光原理。抛物面是否可以汇聚阳光，达到炊事目的呢？通过图 6-3 我们可以证明这一点。光线沿 Z 轴平行的方向射到抛物线任一点 M，连接 FM，过 M 点作切线，MN 是 M 点处的法线。根据光的反射定律：入射角等于反射角，因此只要能证明 $\angle 1 = \angle 2$，就证明了 FM 确实是反射光线了。

因为 M 点是任取的，所以抛物线上的任一点都有同样的性质。当然，不是任何性质的光线都可以在抛物线上聚光，必须是平行光线且沿主光轴的方向射入才能将入射光汇聚到主光轴的聚点上。

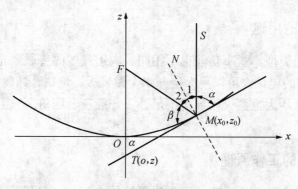

图 6-3 聚光原理图

由于抛物面是抛物线绕主光轴旋转一周而形成的，因此，抛物面上的任何一点都具有同样的性质。既然已经证明了抛物线的聚光性质，抛物面的聚光功能也就不言而喻了。

（3）要记住的结论。①入射光线必须是平行光线。直射的阳光可基本视为平行光线，所以抛物面可以汇聚阳光进行炊事，而散射光因不是平行光线，所以聚光太阳灶不能在阴天或多云天气使用。②入射光线必须与抛物面的主光轴相平行，因此，抛物面太阳灶要有手动或自动跟踪太阳的装置，使灶面主光轴与太阳的移动保持同步。

三、太阳灶支架的选取

针对太阳灶的使用对象主要为农牧民的特点，在满足太阳灶所应具备的功能的前提下，太阳灶的结构设计也越来越合理，越来越简化，使其制作容易，价格低廉，与常规能源有可比性。在设计中选取结构参数时，尽量考虑到便于使用和操作，同时还要尽力降低成本。

1. 太阳灶的跟踪机构

太阳灶在使用过程中，需要在方位角和高度角两个方向上不断跟踪太阳，以便保证太阳灶的主光轴总是和太阳光线相平行，因此需要有相应的跟踪机构。另外，太阳灶在使用时，为了保证锅架始终与地面平行，也需要有相应的锅架支撑机构。

由于一般炊事过程较短，同时又考虑经济上的原因，国内太阳灶大都采用手动跟踪。在太阳高度角跟踪方面主要有调节螺杆（图6-4）、拉杆齿条（图6-5）、调节套管（图6-6），在方位角跟踪方面主要有立轴旋转式（图6-4、图6-5）和小车移动式（图6-6）等。

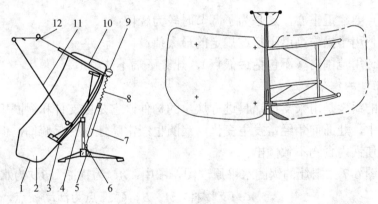

图 6-4 薄型铸铁太阳灶

1—灶壳；2—反光材料；3—托架焊合；4—耳环；5—支撑脚组合；6—丁字轴焊合；7—调节螺母焊合；

8—调节螺杆；9—手把；10—锅圈后支撑焊台；11—锅圈前支杆；12—锅圈焊合

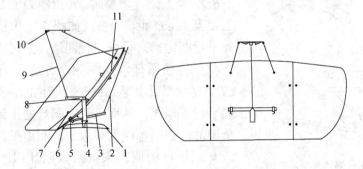

图 6-5 抗碱玻璃纤维增加水泥太阳灶

1—底座；2—拉杆；3—齿杆；4—销轴；5—螺母（栓）；6—聚光壳体；7—螺母垫圈；

8—丁字轴；9—锅圈支杆；10—锅圈；11—角铁

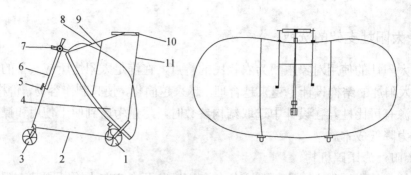

图 6-6　玻璃钢太阳灶

1—转动轮；2—底架；3—小轮；4—聚光器；5—手轮；6—定位杆；7—手柄；8—后支杆；

9—前支杆；10—锅圈；11—平行拉杆

2. 太阳灶的支撑结构

太阳灶的采光面积确定之后，在结构设计中首先要确定支点的位置，目前国内重型灶，如水泥灶、铸铁灶，一般采用偏重心支撑设计（图 6-4、图 6-5），支撑点选取的原则是：

（1）支点要靠近重心，这是为了凋节时较为轻便；

（2）在使用中操作高度不超过规定的最大值；

（3）在使用范围内（不包括最低点），灶壳下端不能触地。

3. 太阳灶的锅架

太阳灶的锅架是用来支撑锅具进行炊事的构件，它是由支杆和锅圈组成。在太阳灶的使用中，灶面仰角经常发生变化，锅圈也经常随灶面一起俯仰，但锅圈始终保持水平，使锅内食物不致倾出。

我们看图 6-7 太阳灶的锅圈水平原理图，图中：AC 为锅圈，BD 为水平臂，AB 为支撑杆，A、B、C 三点为活动铰点，BD 通过 D 点焊在转动轴上，与地面保持水平，CE 为锅圈的支杆，固定在灶面上的 E 点。在设计中将 AC —BD，当太阳灶调整时，E 点随 D 点转动，实际上相当于 CD 距离不变（如图 6-7 中的虚线），成为平行四边形。根据平行四边形的对称边相等并互相平行的原理，锅圈 AC 永远平行于水平臂 CD，而水平臂又是始终平行于地面，所以锅圈永远平行于地面，从而不管太阳灶处于什么样的仰角调节，锅圈都能保持水平。利用平行四边形两边互相平行的原理来解决太阳灶锅圈的水平问题，这实在是一种很巧妙的设计。

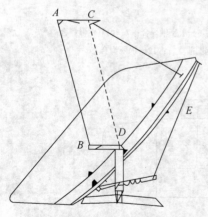

图 6-7　太阳灶锅圈水平原理图

4. 太阳灶的主要构件

不同类型的太阳灶有着不同的构件，这里我们对较为常见的太阳灶的主要构件作一介绍，以使读者对太阳灶的各部件有所了解。

（1）支撑灶面的框架。对于 2 平方米左右的反光面来说，其重量因抛物面壳体的材质不同而有很大的差别。就铸铁太阳灶而言，2 平方米的灶壳，其重量不在 60 千克以下，普通水泥太阳灶重量还要大一些；而玻璃钢太阳灶的灶壳重量就要轻得多。但多数类型的反光面都要求有可靠的托架加以支撑，这种托架应与灶壳的曲面相吻合，并要有较好的刚性，抗变形。一般采用角钢弯制后焊接而成，其形状如图 6-8 所示。

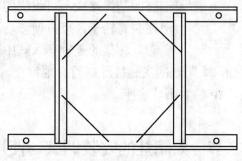

图 6-8　太阳托架的一般结构

（2）手动调节螺杆。当灶面需要进行仰角的调节时，通常采用手柄转动螺杆带动灶面，使灶面的仰角发生变化，以保持灶面与太阳的高度角保持一致。在太阳由低变高时，灶面受螺杆的拉动倾斜度逐渐变小，到中午时达到一天的倾斜度最小的状态；午后，太阳高度角逐渐变小，则灶面受螺杆的推动倾斜角逐渐变大，直到太阳最小使用角炊事即告结束。这种用螺杆来调节灶面仰角的结构稳定可靠，不易发生锅具倾倒的危险。图 6-9 为太阳灶的调节螺杆。一套螺杆是一端铰销在转架上，一端铰销在灶面的框架上。

（3）转架。用来支撑托架与灶面，并带动托架、灶面与锅架进行方位调节，它

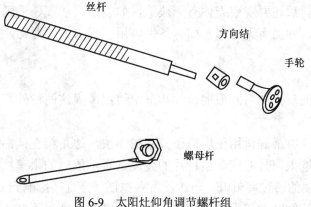

图 6-9　太阳灶仰角调节螺杆组

可以做 360°的方位转动，调节十分方便。当太阳自东向西运动时，它带动灶面、锅架与太阳作同步转动。我们已经说过灶面的仰角调节，加上通过转架的方位调节，才能使灶面与太阳的运动同步。这种同步运动保证了太阳灶把反射光汇聚到锅底的

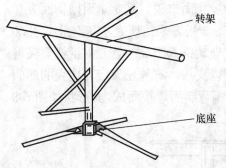

中心，达到炊事的目的。在实际应用中，进行这两种调节并不困难，在连续使用中。每次调节也只需数秒钟的操作时间。图 6-10 为太阳灶的转架，它的竖轴是插在底座的轴孔内的。

（4）底座。不同太阳灶的底座各不相同，通常底座有三只腿，有的是可以活动收拢的，有的是焊接成不可收拢的，有的太阳灶支腿上还装有轮子，以方便移动。底座带有一个短轴套，转架的竖轴插入其中可以作 360°的转动。

图 6-10　太阳灶的转架与底座

为防止太阳灶被大风吹翻，太阳灶的支腿接地端留有地钉孔，并附有地钉，以使支腿固定在地面。参见图 6-10 的太阳灶底座。

第二节　太阳灶的安装调试与使用

一、如何挑选太阳灶

1．选好壳体材料

选择壳体材料首先要根据经济条件和使用环境而定，经济条件较好的地区最好选择铸铁太阳灶，这是目前工厂化生产程度最高的产品，产品质量和其他性能都能得到保证。风力不大的地区可选用轻型壳体，如玻璃钢、菱镁复合材料等，玻璃钢太阳灶要考虑材料的老化问题，同时灶壳应有相应的加强筋，以防灶壳变形。在风力大的地区应选用厚壳水泥太阳灶，轻重以两人能抬起为好，当然水泥太阳灶的价格也是最便宜的。

选好壳体材料后还要观察壳体有无缺陷，如裂纹、疤痕、毛刺等。特别要注意反射面是否光滑，曲面有无变形，如有条件可用模板与曲面对比，变形较大时，聚光性能就会很差。

2．反光材料

目前太阳灶的反光材料除玻璃镜片和真空镀铝薄膜这两种外，其他材料都还没有达到实用的程度。

玻璃镜片选择时最好挑用整块镜子分割的小块，边角料在镀铝时会不均匀，反射率不一致。挑选太阳灶时应观察镜片的亮度是否一致，如果镜片的颜色发绿、发蓝，一般来说玻璃的透过率就低，当然反射率也低，会直接影响到太阳灶的热性能。另外还要观察镜片粘贴的缝隙是否均匀、整齐，密封，密封不好的镜片容易氧化脱

落，影响太阳灶的使用和寿命。

真空镀铝薄膜反光材料是目前除厚壳水泥太阳灶外应用最多的反光材料，最简单的辨别方法是用牙刷和牙膏在反光面上来回刷，观察有无变化，有变化的为假冒伪劣产品。鉴别反光性能如何，可向厂家要一小块反光材料，将其揭开，对着阳光观其透光如何，如果膜太薄，透过的光就强，反射率就有可能低，反之则好。

3. 支撑调节结构

太阳灶是否调节得操作方便、稳定可靠，主要取决支撑和调节机构，包括静态和动态两个方面。静态是指太阳灶安放好后支架和底座应稳定可靠，支架与底座连接紧固，锅架稳定不晃，用手向前或向后推动太阳灶不应有倾倒的可能。动态是指调节过程中应灵活，跟踪可靠，挑选太阳灶时可左右旋转观其灵活性，上下调整看其方便和可靠性，尤其应注意在最高和最低使用角时调节螺杆不应脱落和卡死。锅架是否可靠平稳可在其上放一5千克左右的重物，上下调整太阳灶看其稳定性和平衡性。

4. 聚光效果

太阳灶的聚光效果直接影响到太阳灶的使用性能。选择日照好的天气，将一块黑铁皮或锅底涂黑的平底锅放在锅架上，调整太阳灶的跟踪机构，使光团反射到锅圈中间。质量好的太阳灶的焦斑应为圆形或椭圆形，直径不超过15厘米为宜。

二、太阳灶的安装

太阳灶应安装在全日阳光都可以照到的院内，要求没有树木和建筑物遮挡阳光。如果院中满是树木或建筑物的阴影，那就不具备使用太阳灶的条件。西北地区有些地方屋顶的倾角很小，人们习惯在上面进行家务活动，所以太阳灶也可以放在倾角小的屋顶使用。

各种太阳灶的安装方法是不一样的，但一般都比较简单，请按照说明书的要求进行，注意在安装过程中防止灶面因聚光引发火灾和烧伤。对可能出现的问题及解决办法，介绍如下。

1. 光团散大

光团散大的主要特征是在锅底形成不了明显的光团，而呈模糊的一大片散光。问题的根源可能有三个。

（1）物面精度差。精度差可能是由多种原因造成的，如：绘制抛物线大样时就出了问题，或者刮板与旋转轴的安装不同心，母模或生产模具的误差过大，或者灶壳脱模后又变了形等；你可以先试着调整一下灶面的托架，如果不行，那就是属于母模或生产模具的"先天"的问题了，只有从问题的源头去解决。

（2）锅架的高度不合适。不同的太阳灶有其固定的焦距，如果锅架的实际距离大于或小于焦距，光团就会散大。解决的办法比较简单，你可以实测一下，放一块纸板在高于或低于锅圈的位置上下移动，看看能否找到更为明亮的焦斑。如果答案是肯定的，只要调整锅架的尺寸，问题就可以解决。

（3）锅圈的位置不对。我们知道，焦点是在主光轴上，而不在主光轴外，如果锅架安装后，由于种种原因使锅圈中心移到了主光轴外，也会产生散光现象。检查的方法是：在硬纸板上描出一条抛物线，用这个纸板在灶面上进行比对，纸板的原点与灶面的原点对齐，看看锅圈的中心点是否与 y 轴的指向一致，如锅圈中心不在 y 轴上，调整锅圈的位置，问题就可以解决。

2. 锅圈不平

锅圈通常有 3 个活动支点，其中后两个支点的连线到前支点（螺孔的中心线）的距离必须与转架上的水平臂等长，如不相等，锅圈就会在使用中倾斜。当然水平臂必须是水平的，固定不动的，找到原因解决起来就不困难了。

3. 灶面在使用范围内触地

有的太阳灶在下午太阳高度角为 30 多度时，已经不能使用，或者早晨太阳 30 多度还不能使用，灶面下端触地是主要的使用障碍，其主要原因如下：

（1）反光面设计不合理，灶面轮廓横向较短，纵向较长，普通灶面纵向与横向之比为 1：1.9 左右较为合适，由于纵向太长，导致触地，太阳灶的可用时间就大打折扣。

（2）灶面支点不合理，即支点的下端灶面过大，导致触地。

（3）转架的立轴过短，为了降低太阳灶的操作高度，导致灶壳 r 端触地。

以上是人们常见的最主要的结构性问题，此外还会遇到一些小问题，诸如：锅架因材料型号过小而发软颤动，灶面因托架太软而变形，仰角调节丝杆过长或过短，托架曲面与灶壳不吻合等，这些在太阳灶的制作中都应注意克服。

三、太阳灶使用注意事项

（1）太阳灶应在晴朗天气或虽有云但仍有较强的阳光的条件下使用，且反光面上不得落有任何物体的阴影。

（2）使用时，先将灶面对向太阳的方向，在锅圈上放上炊具（如水壶、锅），再拧动手柄，调节反光面的仰角，使光团落在锅底。

（3）根据太阳高度、方向的变化，太阳灶需要及时调节，每次调节只需花很少的时间。

（4）反光面上的反光膜不能用硬物擦拭，以免使反光膜受损，要求用毛巾或柔软的棉纱蘸水轻轻擦拭或用水清洗；清除油污时在水中加少许洗涤剂效果更好，擦拭方法，应从上向下擦拭。

（5）锅底、壶底一定要涂黑，用墨汁或黑板漆涂黑效果不错，只有涂黑的锅底，才能有效地吸收太阳灶的反射光，缩短炊事时间，而白色发亮的锅底，则会把太阳灶汇聚的阳光的大部分反射出去。

（6）距太阳灶 3 米的范围内不得放置易燃品，不得堆放柴草或木材，以免在一定的条件下引起火灾。

（7）建议为太阳灶反光而缝制一个布套，在太阳灶不用时罩在反光面上，既消除了可能产生的隐患，又延长了太阳灶反光材料的使用寿命。

（8）对太阳灶的金属转动部件如丝杆、转轴等要每月一次滴数滴机油进行润滑养护。长期不使用太阳灶时，应将太阳灶进行妥善收藏。

（9）太阳灶的光斑是一个能量很大的炽热光团，中心温度可达 1000℃ 以上，因此不可用手来试探光团的温度，以免被灼伤。

（10）在做米饭或烙饼时，要求火力均匀，可设法将锅底抬高或降低数厘米，使光斑散大，也可以在锅圈上放一块钢板，使热量的传导更均匀。为控制火候，可暂时将灶面部分遮盖，遮盖面积视需要而定，这样可使功率减小，温度降低。

第三节　太阳灶的技术要求和测试方法

作为一种产品，我们需要采用科学的方法对它进行检测，以评价它的各项技术指针的优劣。聚光型太阳灶行业标准（NY219-2003），系统地归纳了我国十余年来在聚光型太阳灶方面的科研成果和生产推广经验，提出了太阳灶的设计、型号、规格和测试方法，规定了太阳灶的技术要求、结构检测和性能试验方法，此为世界上首次提出的太阳灶标准。为方便读者掌握和应用，我们把该标准的主要内容介绍如下。

一、技术要求

（1）太阳灶的规格按采光面积划分，其优先系列和对应的焦距见表 6-1。

表 6-1　太阳灶的规格

采光面积（平方米）	1.0		1.2		1.6		2.0		2.5		3.2		4.0	
焦距（毫米）	500	550	550	600	600	650	700	750	750	800	850	900	950	1000

（2）太阳灶的光热效率不低于 65%。额定功率不小于 455 瓦/平方米。

（3）锅圈中心处 400℃ 以上光斑面积不小于 50 平方厘米，不大于 200 平方厘米，边缘整齐，呈圆形或椭圆形。

（4）最大操作高度不大于 1.25 米；最大操作距离不大于 0.80 米。采光面积大于 2.5 平方米以上的太阳灶，其最大操作高度和最大操作距离允许大于上述值。

（5）最小使用高度角不大于 25°；最大使用高度角不小于 70°。

（6）在高度角使用范围内，锅圈和水平面的倾斜度不大于 5°。

（7）反光材料要求具有高的太阳反射率（镀铝薄膜不小于 0.80，其他反光材料不小于 0.72）。有较好的耐磨性和抗老化性。

（8）灶面应光滑平整，无裂纹和损坏，反光材料粘贴良好。柔性反光材料不应皱折，隆起部位每平方米不多于 3 处，每处面积不大于 4 平方厘米。玻璃镜片两片之间间隙不大于 1 毫米，边缘整齐无破损。

（9）灶壳与支承架安装后应吻合，连接紧固；高度角和方位角调整机构应操作方便、跟踪准确、稳定可靠。

（10）焊接件应焊接牢靠，焊渣应清理干净。油漆表面应光滑、均匀、色调一致，并有较强的附着力和抗老化性。

二、结构检测方法

1. 使用焦距

调整太阳灶使主光轴与太阳光线平行，用钢卷尺或钢直尺测量锅圈中心至锅圈在灶面上的投影中心（原点）之间的距离。

2. 采光面积

调整太阳灶，当太阳灶主光轴与太阳光线平行时，测出在地平面上的灶面外轮廓线以内的全部投影面积（可采用在三合板上四方格的方法），并乘以此时太阳高度角的正弦值。

3. 最大操作高度

把太阳灶锅圈调至最高位置，用钢卷尺或钢直尺测量锅圈中心平面到地平面的距离。

4. 最大操作距离

把灶体后沿调至与锅圈水平距离最大时，用钢卷尺或钢直尺测量锅圈中心到灶体后边缘的水平距离。

5. 使用高度角

太阳灶使用高度角用量角器测量。将灶面向前调至极限位置，此时测量出锅圈中心至原点之间连线与水平面的夹角为最小使用高度角；将灶面向后仰起调至极限位置，此时测量出锅圈中心至原点之间连线与水平面的夹角为最大使用高度角。

6. 光斑性能

光斑性能用测温板进行测量。测温板为厚度 0.5 毫米，直径 250 毫米的普通钢板，一面涂无光黑漆（朝下），一面涂 400℃示温涂料（朝上）。调整太阳灶使阳光汇聚于锅圈中心处，迅速将测温板放置在锅圈上。当测试时间达到 90 秒时取下测温板。观察光斑形状并用方格纸计算出面积。

7. 跟踪机构

在锅圈上放置 24 厘米的日用铝锅，锅内水面距锅边 20 毫米，在太阳灶使周范围内，调整跟踪机构并观察其稳定性和可靠性。

三、性能试验方法

1. 试验条件

（1）在试验期间不得有任何外界的阴影落在太阳灶上，也不应有任何其他表面反射或辐射的能量落在太阳灶上。

（2）在试验期间，太阳直接辐照度不小于 600 瓦/平方米，波动范围不大于 100 瓦/平方米。

（3）在试验期间，环境温度应在 15～35℃，风速不大于 2 米/秒。

（4）在试验期间，太阳高度角范围应在 35° 以上。

2. 试验仪器、仪表与测量

（1）太阳直射辐射。太阳直射辐照度和累计太阳直射辐照量可用直射辐射计配以二次仪表进行测量，直射辐射计如无自动跟踪装置时，每 5 分钟内至少跟踪一次，使其受光面与太阳光束保持垂直。

（2）温度。温度测量可用水银温度计或热电式温度计测量，测量环境温度时，温度计应放置于离试验地面 1～1.5 米高的百叶箱内或相当于百叶箱条件的环境中，距太阳灶 15 米以内；测量水温时，温度计应放置在锅具正中，浸入水深距水底 1/3 处。

（3）风速。风速可用旋杯式风速计或自计式电传风速计测量，风速计置于太阳灶锅具的相同高度附近，距太阳灶锅架中心 5 米以内。

（4）锅具及水。锅具为直径 24 厘米的日用铝锅，锅底外表面涂以黑板漆。水质要求清洁透明。水量（千克）的数值一般取采光面积（平方米）数值的两倍，最大不超过 5 千克。

3. 试验步骤及数据处理

（1）试验步骤。按要求在铝锅内装水，将温度计放置水中并记录。初始水温取低于环境温度 10℃，终止水温取高于环境温度（10±1）℃。在测试期间每隔 2 分钟记录一次太阳直射辐照度和风速。手动跟踪太阳灶每 5 分钟内至少调整对焦一次。当水温达到规定的终止温度时，迅速记录时间和累积太阳直射辐照量，同时将铝锅端下对水迅速搅拌后测量，并记录水温。

（2）数据处理。太阳灶光效率按式（6-1）计算。

$$\eta_{\mathrm{L}} = \frac{mc(t_{\mathrm{e}} - t_{\mathrm{i}})}{HA_{\mathrm{c}}} \tag{6-1}$$

式中　η_{L}——太阳灶光效率；

　　　m——水量，千克；

　　　c——水的比热容，（取 4.1868 千焦/千克·摄氏度）；

　　　t_{e}——终止水温，摄氏度；

　　　t_{i}——初始水温，摄氏度；

　　　H——累积太阳直射辐照量，千焦/平方米；

　　　A_{c}——太阳灶采光面积，平方米。

用同样方法测量两次，其测量结果相对误差小于 5% 时，取其平均值为太阳灶光效率。

太阳灶额定功率按公式（6-2）计算。

$$P = 700\eta_L A_c \qquad (6\text{-}2)$$

式中　P——太阳灶额定功率，瓦；

　　　η_L——太阳灶光效率，%；

　　　A_c——太阳灶采光面积，平方米。

思　考　题

1. 太阳灶的工作原理是怎样的？
2. 太阳灶在安装过程中应注意的问题是什么？
3. 太阳灶的使用与维护注意事项是什么？

第七章 太阳能光伏发电系统

【知识目标】
　　太阳能光伏发电系统的理论、发电原理及重要部件。
【技能目标】
　　掌握户用太阳能光伏发电系统的安装、调试及维护。

　　通过太阳能电设施（又称光伏电设施）将太阳辐射能转换为电能的发电系统，称为太阳能电设施发电系统（又称太阳能光伏发电系统）。这种发电方式，以资源无限、清洁干净、可以再生的太阳辐射能为"燃料"，"到处阳光，到处电"，发展快速，前景广阔，未来美好。太阳能光伏发电目前工程上广泛应用的光电转换器件晶体硅光伏电设施，生产工艺成熟，转换效率高，使用寿命长，已进入大规模工业化生产。已应用于工业、农业、交通运输业、建筑业、医药卫生、科学技术、文化教育、国防军工、宇宙空间和人民生活的各个领域。预计到 21 世纪中叶，太阳能光伏发电将发展成为人类的重要发电方式之一，在世界可持续发展能源结构中占有一定的比重、成为重要的组成部分之一。

　　本章对太阳能光伏发电系统的工作原理、运行方式、系统组成以及安装与维护管理等内容加以介绍。

第一节 光伏发电原理及光伏产业

　　我国光伏产业起步于 20 世纪 80 年代末期，90 年代进入稳步探索发展期，进入 21 世纪出现爆发式增长。据统计，从 2002 年至今，中国太阳能电池产量猛增了 100 多倍。至 2008 年，我国太阳能电池产量约占世界总产量的 1/3，到 2010 年，已连续三年成为世界第一大太阳能电池生产国。

一、光伏发电原理

　　光伏发电的基本原理是光生伏特效应，它是指在光的照射下，半导体或某些特定材料的不同部位之间产生电位差的现象。

　　标准的硅原子有 4 个价电子，由于正电荷与负电荷数量相等，所以没有掺杂的硅原子整体不显电性。当硅晶体中掺入其他杂质，如果杂质是元素周期表中第ⅢA 族中的一种元素，称为受主杂质，例如硼或铟，它们都只有 3 个价电子，并且传导的最小能级低于第ⅣA 族元素人传导带电子能级，因此硅的价电子更容易跃迁到硼或铟的传导带中。如图 7-1 所示，图中"⊕"表示硅离子，实心小圆点表示围绕在它旁边的 4 个价电子，实心圆表示掺入的硼。掺入硼或铟杂质形成的半导体称为 P 型半导体。

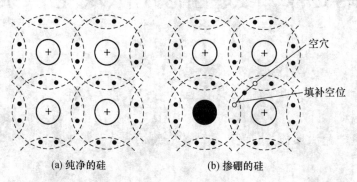

(a) 纯净的硅　　　　　　　　(b) 掺硼的硅

图 7-1　纯净的硅与掺硼的硅

　　如果杂质是元素周期表中第 VA 族中的一种元素，称为施主杂质，例如磷或砷，这些元素的价电子有 5 个，因此容易形成一个自由电子，这个电子非常活跃，从而形成 N 型半导体。

　　将 P 型和 N 型半导体制作在同一块半导体（通常是硅或锗）基片上，在它们的交界面形成的空间电荷区称为 PN 结。

　　当光照射在 PN 结上，在空间电荷区内部会产生自由电子-空穴对，它们分别在自建电场作用下移动到 N 区和 P 区，就如同有一个电子由 P 区穿过空间电荷区到达 N 区，形成光致电流，从而在 PN 结中形成电位差，这就形成了光伏电源。

二、光伏产业链

　　将太阳辐射能通过光伏效应直接转换为电能的技术，称为太阳能光伏发电技术。以太阳能材料加工生产、光伏发电和应用所形成的产业链称为光伏产业链。产业环节有硅矿开采、多晶硅提纯、单晶硅生产、光伏电池片制造、光伏组件生产加工、光伏发电应用等。

　　光伏产业链涉及采矿、化工、材料、电子、机械等众多相关学科，是一个综合应用型的产业链。整个光伏产业链不仅涉及电池片、多晶硅料、硅棒、硅锭、硅片、电池片、电池组件，发电系统和应用产品的开发与应用，同时还需要大量的应用材料为其配套。例如，光伏产业链中关键的封装材料——低铁玻璃具有透光率高、反光率低、机械强度大和耐腐蚀等特点，被广泛用作光伏组件的基板材料。一个完整的太阳能光伏电站一般由太阳能电池组件、控制器、蓄电池、逆变器和用户负载等组成。其中，太阳能电池组件和蓄电池为电源系统，控制器和逆变器为控制保护系统，用户负载为系统终端。

三、光伏发电的优缺点

光伏发电与其他发电形式相比，具有如下优点：结构简单，体积小，重量轻；易安装，易运输，建设周期短；使用方便，维护简单，在-50～+65℃温度范围均可正常工作；清洁，安全，无噪声，零排放；可靠性高，寿命长；太阳能几乎无处不在，所以光伏发电应用范围广；随着技术的进步，能量偿还时间有可能缩短，也就是投入产出比会不断提高；形式灵活，可以与蓄电池相配合组成独立电源，也可以单独并网发电等。

光伏发电也存在缺点：光伏发电具有间歇性和随机性；大功率发电时要求覆盖面积大；太阳能能量密度低；各个地区太阳能资源分布情况不同，区域性强，光伏发电的成本较高，约为火电成本的 6 倍，风电的 4 倍。较高的发电成本决定了目前光伏发电仍然需要依靠政策补贴运行，过去十几年光伏发电行业所呈现的爆炸性增长，与有关国家不断出台的补贴政策有很大关系，但随着技术的进步和发展，光伏发电将逐渐成为更具影响力的发电形式。

四、国内的光伏产业现状

我国太阳能资源非常丰富，理论储量达每年 17000 亿吨标准煤，太阳能资源开发利用的潜力非常广阔，在光明工程先导项目、送电到乡工程和金太阳示范工程等国家项目及世界光伏市场的有力拉动下，我国的光伏产业发展迅猛，2009 年光伏发电装机容越已达 750 万千瓦，装机容量居世界 10 强。据不完全统计，我国国内已有 15 个 1 兆瓦级以上大型发电站并网发电；太阳能电池产量达到 4382 兆瓦，约占全球的 40%，已成全球第一大太阳能电池生产国。据统计，截至 2009 年，我国光伏行业拥有大型光伏材料企业 40 余家，硅锭、硅片、电池生产大型企业 100 多家，光伏组件生产企业 300 家以上；中国太阳能电池行业有 10 余家企业在国内或海外上市。

我国数十个城市都在打造光伏产业园，很多地方都提出了打造千亿级光伏、多晶硅产业园的目标。中投顾问发布的《2010—2015 年中国太阳能光伏发电产业投资分析及前景预测报告》指出，我国太阳能光伏产品出口额近年来快速增长，拉动了行业迅猛发展。

经过 30 多年的努力，中国光伏产业取得了突破性的进步，但在光伏产业快速发展过程中，已暗藏危机，产业瓶颈与危机已经来临，主要表现为以下 3 个方面：一是"三头在外"，缺乏自主权。光伏产业发展的动力来自国外，关键技术设备、市场需求和原材料"三头在外"的问题一直困扰着全行业。几乎所有的技术、设备依靠进口；90%以上的原材料要依靠进口；80%的销售靠出口。

第二节　太阳能光伏发电系统的运行方式及组成

一、太阳能光伏发电系统的运行方式

地面太阳铯光伏发电系统的运行方式,主要可分为离网运行和联网运行两大类。未与公共电网相连接的太阳能光伏发电系统称为离网太阳能光伏发电系统,又称为独立太阳能光伏发电系统,主要应用于远离公共电网的无电地区和一些特殊处所,如为公共电网难以覆盖的边远偏僻农村、牧区、海岛、高原、荒漠的农牧渔民提供照明、看电视、听广播等的基本生活用电,为通信中继站、沿海与内河航标、输油输气管道阴极保护、气象台站、公路道班以及边防哨所等特殊处所提供电源。与公共电网相连接的太阳能光伏发电系统称为联网太阳能光伏发电系统,它是太阳能光伏发电进入大规模商业化发电阶段、成为电力工业组成部分之一的重要方向,是当今世界太阳能光伏发电技术发展的主流趋势。特别是其中的光伏电设施与建筑相结合的联网屋顶太阳能光伏发电系统,是众多发达国家竞相发展的热点,发展迅速,市场广阔,前景诱人。

为给农村不通电乡镇及村落广大农牧民解决基本生活用电和为特殊处所提供基本工作电源,经过 30 多年的努力,离网太阳能光伏发电系统在我国已有相当的发展,到 2007 年年底全国太阳能光伏发电的总装机容量约达 100 兆瓦,并将继续快速发展。但联网太阳能光伏发电系统在我国却尚处于试验示范的起步阶段,远远落后于美、欧、日等发达国家和地区。

二、太阳能光伏发电系统的组成

1. 离网太阳能光伏发电系统的组成

离网太阳能光伏发电系统根据用电负载的特点,可分为直流系统、交流系统和交直流混合系统等几种。其主要区别是系统中是否带有逆变器。一般来说,离网太阳能光伏发电系统主要由太阳能电设施方阵、控制器、蓄电设施组、直流/交流逆变器等部分组成。离网太阳能光伏发电系统的组成框图,如图 7-2 所示。

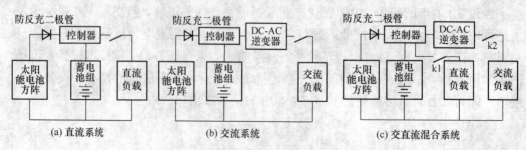

图 7-2　离网太阳能光伏发电系统组成

（1）太阳能电设施方阵：太阳能电设施单体是光电转换的最小单元，尺寸一般为 2 厘米×2 厘米到 15 厘米×15 厘米不等。太阳能电设施单体的工作电压为 0.45～0.5 伏，工作电流为 20～25 毫安/平方厘米，一般不能单独作为电源使用。将太阳能电设施单体进行串并联并封装后，就成为太阳能电设施组件，其功率一般为几瓦至几十瓦、百余瓦，是可以单独作为电源使用的最小单元。太阳能电设施组件再经过串并联并装在支架上，就构成了太阳能电设施方阵，可以满足负载所要求的输出功率。

一个太阳能电设施只能产生大约 0.45 伏电压，远低于实际应用所需要的电压。为了满足实际应用的需要，需把太阳能电设施连接封装成组件。太阳能电设施组件包含一定数量的太阳能电设施，这些太阳能电设施通过导线连接。一个组件上，太阳能电设施的标准数量是 36 个或 40 个（如 10 厘米×10 厘米），这意味着一个太阳能电设施组件大约能产生 16 伏的电压，正好能为一个额定电压为 12 伏的蓄电设施进行有效充电。

通过导线连接的太阳能电设施被密封成的物理单元被称为太阳能电设施组件，具有一定的防腐、防风、防雹、防雨等的能力，广泛应用于各个领域和系统。当应用领域需要较高的电压和电流而单个组件不能满足要求时，可把多个组件组成太阳能电设施方阵，以获得所需要的电压和电流。

（2）防反充二极管：又称阻塞二极管。其作用是避免由于太阳能电设施方阵在阴雨天和夜晚不发电时或出现短路故障时蓄电设施组通过太阳能电设施方阵放电。它串联在太阳能电设施方阵电路中，起单向导通作用。要求其能承受足够大的电流，而且正向电压降要小，反向饱和电流要小。一般可选用合适的整流二极管。

（3）蓄电设施组：其作用是储存太阳能电设施方阵受光照时所发出的电能并可随时向负载供电。太阳能电设施发电系统对所用蓄电设施组的基本要求是：①自放电率低；②使用寿命长；③深放电能力强；④充电效率高；⑤少维护或免维护；⑥工作温度范围宽；⑦价格低廉。目前我国与独立太阳能电设施发电系统配套使用的蓄电设施主要是铅酸蓄电设施。配套 200 安时以上的铅酸蓄电设施，一般选用固定式铅酸蓄电设施或密封免维护铅酸蓄电设施；配套 200 安时以下的铅酸蓄电设施，一般选用小型密封免维护铅酸蓄电设施。

（4）控制器：是光伏发电系统的核心部件之一。光伏电站的控制器一般应具备如下功能：①信号检测。检测光伏发电系统各种装置和各个单元的状况和参数，为对系统进行判断、控制、保护等提供依据。需要检测的物理量有输入电压、充电电流、输出电压、输出电压以及蓄电设施温升等。②蓄电设施最优充电控制。控制器根据当前太阳能资源情况和蓄电设施负荷状态，确定最佳充电方式，以实现高效、快速地充电，并充分考虑充电方式对蓄电设施寿命影响。③蓄电设施放电管理。对蓄电设施放电过程进行管理，如负载控制自动开关机，实现软启动、防止负载接入时蓄电设施端电压突降而导致的错误保护等。④设备保护。光伏系统所连接的用电设备，在有些情况下需要由控制器来提供保护，如系统中因逆变电路故障而出现的过电压和负载短路而出现的过电流等，如不及时加以控制，就有可能导致光伏系统或用电设备损坏。⑤故障诊断定位。当光伏系统发生故障时，可自动检测故障类型、指示故障位置，为对系统进行维护提供方便。⑥运行状态指示。通过指示灯、显示器等方式指示光伏系统的运行状态和故障信息。

光伏发电系统在控制器的管理下运行。控制器可以采用多种技术方式实现其控制功能。比较常见的有逻辑控制和计算机控制两种方式。智能控制器多采用计算机控制方式。

（5）逆变器：逆变器是将直流电变换成交流电的设备。由于太阳能电设施和蓄电设施发出的是直流电，当负载是交流负载时，逆变器是不可缺少的。对逆变器的基本要求是：①能输出一个电压稳定的交流电。无论是输入电压出现波动，还是负载发生变化，它都要达到一定的电压稳定准确度，静态时一般为±2%。②能输出一个频率稳定的交流电。要求该交流电能达到一定的频率稳定准确度，静态时一般为±0.5%。③输出的电压及其频率在一定范围内可以调节。一般输出电压可调范围为±5%，输出频率可调范围为±2赫兹。④具有一定的过载力。一般能过载125%～150%。当过载150%时，应能持续30秒；当过载125%时，应能持续1分钟及以上。⑤输出电压波形含谐波成分应尽量小。一般输出波形的失真率应控制7%以内，以利于缩小滤波器的体积。⑥具有短路、过载、过热、过电压、欠电压等保护功能和报警功能。⑦起动平稳，起动电流小，运行稳定可靠。⑧换流损失小，逆变效率高，一般应在85%以上。⑨具有快速的动态响应。逆变器按运行方式，可分为独立运行逆变器和联网运行逆变器。独立运行逆变器用于独立运行的太阳能电设施发电系统，为独立负载供电。联网运行逆变器用于联网运行的太阳能电设施发电系统，将发出的电能馈入电网。逆变器按输出波形又可分为正弦波逆变器和非正弦波（包括方波、阶梯波、准方波）逆变器。

（6）测量设备：对于小型太阳能光伏发电系统，只要求进行简单的测量，如测量蓄电设施电压和充放电电流，测量所用的电压表和电流表一般就装在控制器上。对于太阳能通信电源系统、管道阴极保护系统等工业光伏电源系统和中大型太阳能光伏电站，往往要求对更多的参数进行测量，如太阳辐射量、环境气温、充放电量等，有时甚至要求具有远程数据传输数据打印和遥控功能，这就要求为太阳能光伏发电系统配备数据采集系统和微机监控系统。

2. 联网太阳能光伏发电系统的组成

联网太阳能光伏系统可分为集中式大型联网光伏系统（以下简称为大型联网光伏电站）和分散式小型联网光伏系统（以下简称住宅联网光伏系统）两大类型。大型联网光伏电站的主要特点是所发电能被直接输送到电网上，由电网统一调配向用户供电。建设这种大型联网光伏电站，投资巨大，建设期长，需要复杂的控制和配电设备，并要占用大片土地，同时其发电成本目前要比市电贵约10倍，因而发展受到限制。而住宅联网光伏系统，特别是与建筑结合的住宅屋顶联网光伏系统，由于具有许多优越性，建设容易，投资不大，许多国家又相继出台了一系列激励政策，因而在各发达国家备受青睐，发展迅速，成为主流。下面重点介绍住宅联网光伏系统。

住宅联网光伏系统的主要特点，是所发的电能直接分配到住宅（用户）的用电负载上，多余或不足的电力通过连接电网来调节。根据联网光伏系统是否允许通过供电区变压器向主电网馈电，分为可逆流与不可逆流联网光伏发电系统。可逆流系统，是在光伏系统产生剩余电力时将该电能送入电网，由于是同电网的供电方向相反，所以称为逆流；当光伏系统电力不够时，则由电网供电（见图7-3）。这种系统，一般是为光伏系统的发电能力大于负载或发电时间同负荷用电时间不相匹配而设计的。住宅系统由于输出的电能受天气和季节的制约，而用电又有时间的区分，为保证电力平衡，一般均设计成可逆流系统。不可逆流系统，则是指光伏系统的发电量始终小于或等于负荷的用电量，电量不够时由电网提供，即光伏系统与电网形成并联向负载供电。这种系统，即使当光伏系统由于某种特殊原因产生剩余电能，也只能通过某种手段加以处理或放弃。由于不会出现光伏系统向电网输电的情况，所以称为不可逆流系统（见图7-4）。

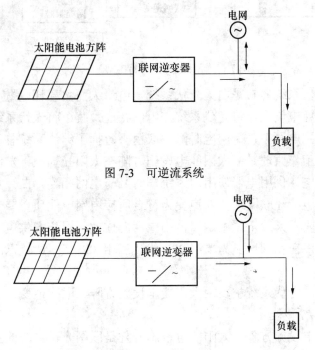

图 7-3　可逆流系统

图 7-4　不可逆流系统

住宅系统又有家庭系统和小区系统之分。家庭系统，装机容量较小，一般为1～5kWp，为自家供电，由自家管理，独立计量电量。小区系统，装机容量较大些，一般为50～300kWp，为一个小区或一栋建筑物供电，统一管理，集中分表计量电量。

根据联网光伏系统是否配置储能装置，分为有储能装置和无储能装置联网光伏发电系统。配置少量蓄电设施的系统，称为有储能系统（见图7-5）；不配置蓄电设施的系统，称为无储系统（见图7-6）。有储能系统主动性较强，当出现电网限电、掉电、停电等情况时仍可正常供电。

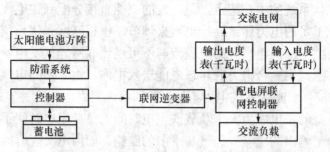

图 7-5　有储能（带蓄电池）系统

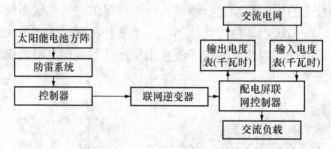

图 7-6　无储能（不带蓄电池）系统

住宅联网光伏系统通常是白天光伏系统发电量大而负载耗电量小，晚上光伏系统不发电可负载耗电量大。将光伏系统与电网相连，就可将光伏系统白天所发的多余电力"储存"到电网中，待用电时随时取用，省掉了约达系统总造价25%～30%的蓄电设施。其工作原理是：太阳能电设施方阵在太阳光辐照下发出直流电，经逆变器转换为交流电，供用电器使用；系统同时又与电网相连，白天将太阳能电设施方阵发出的多余电能经联网逆变器逆变为符合所接电网电能质量要求的交流电馈入电网，在晚上或阴雨天发电量不足时，由电网向住宅（用户）供电。住宅联网系统所常负载的电压，在我国一般为单相220伏和三相380伏，所接入的电网为低压商用电网。

典型住宅联网光伏系统主要由太阳能电设施方阵、联网逆变器和控制器3大部分构成，如图7-7所示。

（1）太阳能电设施方阵：太阳能电设施方阵是联网光伏系统的主要部件，由其将接收到的太阳能电设施方阵阳光能直接转换为电能。目前工程上应用的太阳能电设施方阵多为由一定数量的晶体硅太阳能电设施组件按照联网逆变器输入电压的要求串、并联后固定在支架上组成。住宅联网系统的太阳能电设施方阵一般都用支架安装在建筑物的屋顶上，如能在住宅或建筑物建设时就考虑方阵的安装朝向和倾斜角度等要求，并预先埋好地脚螺栓等固定元件，则太阳能电设施方阵安装时就将更

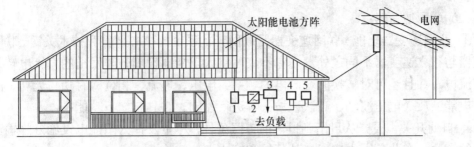

图 7-7　典型住宅联网光伏系统示意图

1—接线箱；2—联网逆变器；3—配电箱；4—电表（向电网输出）；5—电表（从电网引入）

为方便和快捷。

　　住宅联网光伏系统光伏器件的突出特点和优点是与建筑相结合，目前主要有如下两种形式：

　　① 建筑与光伏系统相结合。作为光伏与建筑相结合的第一步，是将现成的平板式光伏组件安装在建筑物的屋顶等处，引出端经过逆变和控制装置与电网连接，由光伏系统和电网并联向住宅（用户）供电，多余电力向电网反馈，不足电力向电网取用。

　　② 建筑与光伏器件相结合。光伏与建筑相结合的进一步目标，是将光伏器件与建筑材料集成化。建筑物的外墙一般都采用涂料、马赛克等材料，为了美观，有的甚至采用价格昂贵的玻璃幕墙等，其功能是起保护内部及装饰的作用。如果把屋顶、向阳外墙、遮阳板甚至窗户等的材料用光伏器件来代替，则既可作为建筑材料和装饰材料，又能发电，一举两得，一物多用，使光伏系统的造价降低，发电成本下降。这就对光伏器件提出了更高、更新的要求，应具有建筑材料所要求的隔热保温、电气绝缘、防火阻燃、防水防潮、抗风耐雪、重量较轻、具有一定强度和刚度且不易破裂等性能，还应具有寿命与建材同步、安全可靠、美观大方、便于施工等特点。如果作为窗户材料，并要能够透光。美国、日本、德国等发达国家的一些公司和研究机构及高校，在政府的资助下，经过一些年的努力，研究开发出不少这类光伏器件与建筑材料集成化的产品，有的已在工程上应用，有的在试验示范，并且还在进一步研究更新的品种。目前已研发出的品种有：双层玻璃大尺寸光伏幕墙，透明和半透明光伏组件，隔热隔音外墙光伏构件，光伏屋面瓦，大尺寸、无边框、双玻璃屋面光伏构件，面积达 2 平方米左右代替屋顶蒙皮的光伏构件，光伏电设施不同颜色、不同形状、不同排列的构件，屋面和墙体柔性光伏构件等。

　　光伏建筑一体化系统的关键技术问题之一，是设计良好的冷却通风，这是因为光伏组件的发电效率随其表面工作温度的上升而下降。理论和试验证明，在光伏组件屋面设计空气通风通道，可使组件的电力输出提高 8.3%左右，组件的表面温度降低 15℃左右。

（2）联网逆变器：

① 联网逆变器功能。联网逆变器是联网光伏系统的核心部件和技术关键。联网逆变器与独立逆变器不同之处，是它不仅可将太阳能电设施方阵发出的直流电转换为交流电，并且还可对转换的交流电的频率、电压、电流、相位、有功与无功、同步、电能品质（电压波动、高次谐波）等进行控制。它具有如下功能：

a. 自动开关。根据从日出到日落的口照条件，尽量发挥太阳能电设施方阵输出功率的潜力，在此范围内实现自动开始和停止。

b. 最大功率点跟踪（MPPT）控制。对跟随太阳能电设施方阵表面温度变化和太阳辐照度变化而产生出的输出电压与电流的变化进行跟踪控制，使方阵经常保持在最大输出的工作状态，以获得最大的功率输出。

c. 防止单独（孤岛）运行。系统所在地发生停电，当负荷电力与逆变器输出电力相同时，逆变器的输出电压不会发生变化，难以察觉停电，因而有通过系统向所在地供电的可能，这种情况叫做单独（孤岛）运转。在这种情况下，本应停了电的配电线中又有了电，这对于保安检查人员是危险的，因此要设置防止单独（孤岛）运行功能。

d. 自动电压调整。在剩余电力逆流入电网时，因电力逆向输送而导致送电点电压上升，有可能超过商用电网的运行范围，为保持系统的电压正常，运转过程中要能够自动防止电压上升。

e. 异常情况排解与停止运行。当系统所在地电网或逆变器发生故障时，及时查出异常，安全加以排解，并控制逆变器停止运转。

② 联网逆变器构成。联网逆变器主要由逆变器和联网保护器两大部分构成，如图 7-8 所示。

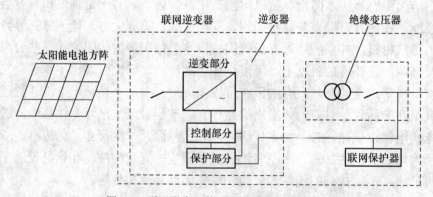

图 7-8 联网逆变器构成（绝缘变压器方式）

a. 逆变器部分包括逆变部分：其功能是采用大功率晶体管将直流高速切割，并转换为交流；控制部分：由电子引路构成，其功能是控制逆变部分；保护部分：也由电子回路构成，其功能是在逆变器内部发生故障时起安全保护作用。

b. 联网保护器是一种安全装置，主要用于频波上下波动、过欠电压和电网停电等的监测，通过监测如发现问题，应及时停止逆变器运转，把光伏系统与电网断开，以确保安全。它一般装在逆变器中，但也有单独设置的。

③ 联网逆变器回路方式。已进入实用的主要有电网频率变压器绝缘方式、高频变压器绝缘方式和无变压器方式 3 种。

a. 电网频率变压器绝缘方式：采用脉宽调制（PWM）逆变器产生电网频率的交流，并采用电网频率变压器进行绝缘和变压。它具有良好的抗雷击和消除尖波的性能。但由于采用了电网频率变压器，因而较为笨重。

b. 高频变压器绝缘方式：它体积小、重量轻，但回路较为复杂。

c. 无变压器方式：体积小、重量轻，成本低，可靠性能高，但与电网之间没有绝缘。除第一种方式外，后两种方式均具有检测直流电流输出的功能，进一步提高了安全性。无变压器方式，由于在成本、尺寸、重量及效率等方面具有优势，因而目前应用广泛。该回路由升压器把太阳能电设施方阵的直流电压提升到无变压器逆变器所需要的电压；由逆变器把直流转换为交流；其控制器具有联网保护继电器的功能，并设有联网所需手动开关，以便在发生异常时把逆变器同电网隔离（见图 7-9）。

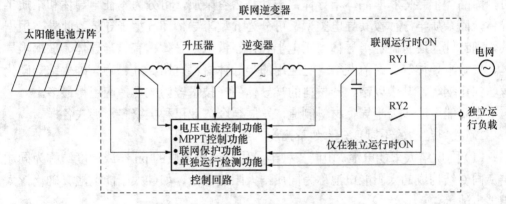

图 7-9　无变压器方式联网逆变器回路构成

第三节　太阳能电池

太阳能电池是太阳能光伏发电的基础和核心，系统的基本构成部件是太阳能光伏发电，下面首先加以介绍。

一、太阳能电池设施及其分类

太阳能电池（solar cell）是一种利用光生伏打效应把光能转变为电能的器件，又叫光伏器件。物质吸收光能产生电动势的现象，称为光生伏打效应（photovoltaic effect）。这种现象在液体和固体物质中都会发生。但是，只有在固体中，尤其是在半导体中，才有较高的能量转换效率。所以，人们又常常把太阳能电池称为半导体太阳能电池。

什么叫半导体？固体材料按照它们导电能力的强弱，可分为3类：①导电能力强的物体叫导体，如银、铜、铝等，其电阻率在$10^{-6} \sim 10^{-5}$欧姆·厘米以下；②导电能力弱或基本上不导电的物体叫绝缘体，如橡胶、塑料等，其电阻率在10^{10}欧姆·厘米以上；③导电能力介于导体和绝缘体之间的物体叫做半导体，其电阻率为$10^{-5} \sim 10^{8}$欧姆·厘米。

半导体的主要特点，不仅仅在于其电阻率在数值上与导体和绝缘体不同，而且还在于它的导电性上具有如下两个显著的特点：①电阻率的变化受杂质含量的影响极大。如果所含杂质的类型不同，导电类型也不同。②电阻率受光和热等外界条件的影响很大。温度升高或光照射时，均可使电阻率迅速下降。例如，锗的温度从200℃升高到300℃，电阻率就要降低一半左右。一些特殊的半导体，在电场和磁场的作用下，电阻率也会发生变化。

半导体材料的种类很多，按其化学成分，从大范围分，可分为有机半导体和无机半导体，而无机半导体又可分为元素半导体和化合物半导体；按其晶体结构分，可分为晶体半导体和非晶体半导体；按其是否有杂质，可分为本征半导体和杂质半导体，而杂质半导体按其导电类型又可分为n型半导体和p型半导体。此外，根据其物理特性，还有磁性半导体、压电半导体、铁电半导体、有机半导体、玻璃半导体、气敏半导体等。目前获得广泛应用的半导体材料有锗、硅、硒、砷化镓、磷化镓、锑化铟等，其中以锗、硅材料的半导体生产技术较为成熟，应用得最多。

太阳能电池多为半导体材料制造，发展至今，业已种类繁多，形式各样。

1. 按照结构的不同可分为如下几类

（1）同质结太阳能电池。由同一种半导体材料所形成的pn结或梯度结称为同质结。同专结构成的太阳能电池称为同质结太阳能电池，如硅太阳能电池、砷化镓太阳能电池等。

（2）异质结太阳能电池。由两种禁带宽度不同的半导体材料形成的结称为异质结。用异专结构成的太阳能电池称为异质结太阳能电池，如氧化铟锡/硅太阳能电池、硫化亚铜/硫化镉太阳能电池等。如果两种异质材料的晶格结构相近，界面外的晶格匹配较好，则称为异质面太阳能电池。如砷化铝镓/砷化镓异质面太阳能电池等。

（3）肖特基太阳能电池。利用金属—半导体界面的肖特基势垒而构成的太阳能电池，也称为MS太阳能电池，如铂/硅肖特基太阳能电池、铝/硅肖特基太阳能电池等。其原理是基于金属半导体接触时，在一定条件下可产生整流接触的肖特基效应。目前已发展成为金属-氧化物-半导体（MOS）结构制成的太阳能电池和金属-绝缘体-半导体（MIS）结构制成的太阳能电池。这些又总称为导体-绝缘体-半导体（CIS）太阳能电池。

（4）多结太阳能电池。由多个p-n结形成的太阳能电池，又称为复合结太阳能电池，有垂直多结太阳能电池、水平多结太阳能电池等。

（5）液结太阳能电池。用浸入电解质中的半导体构成的太阳能电池，也称为光电化学电池。

2．按照材料的不同可分为如下各类

（1）硅太阳能电池。系指以硅为基体材料的太阳能电池，有单晶硅太阳能电池、多晶硅太阳能电池等。多晶硅太阳能电池又有片状多晶硅太阳能电池、铸锭多晶硅太阳能电池、筒状多晶硅太阳能电池、球状多晶硅太阳能电池等多种。

（2）化合物半导体太阳能电池。系指由两种或两种以上元素组成的具有半导体特性的化合物半导体材料制成的太阳能电池，如硫化镉太阳能电池、砷化镓太阳能电池、碲化镉太阳能电池、硒铟铜太阳能电池、磷化铟太阳能电池等。

（3）有机半导体太阳能电池。系指用含有一定数量的碳-碳键且导电能力介于金属和绝缘体之间的半导体材料制成的太阳能电池。

（4）薄膜太阳能电池。系指用单质元素、无机化合物或有机材料等制作的薄膜为基体材料的太阳能电池。通常把膜层无基片而能独立成形的厚度作为薄膜厚度的大致标准，规定其厚度为 1～2 微米左右。这些薄膜通常用辉光放电、化学气相沉积、溅射、真空蒸镀等方法制得。

按照太阳能电池的结构来分类，其物理意义比较明确，因而我国国家标准将其作为太阳能电池型号命名方法的依据。

此外，按照应用还可将太阳能电池分为空间用太阳能电池和地面用太阳能电池两大类。地面用太阳能电池又可分为电源用太阳能电池和消费品用太阳能电池两种。对太阳能电池的技术经济要求因应用而异：空间用太阳能电池的主要要求是耐辐照性好、可靠性高、光电转换效率高、功率面积比和功率质量比优等；地面电源用太阳能电池的主要要求是光电转换效率高、坚固可靠、寿命长、成本低等；地面消费品用太阳能电池的主要要求是薄小轻、美观耐用等。

二、太阳能电池的结构

因生产制造太阳能电池的基体材料和所采用的工艺方法的不同，太阳能电池的结构也就多种多样。这里以常规硅太阳能电池为例简述太阳能电池的结构。图 7-10 是一个 p 型硅材料制成的 n+/p 型结构常规太阳能电池的示意图。①p 层为基体，厚度为 0.2～0.4 毫米。基体材料称为基区层，简称基区。②p 层上面是 n 层。它又称为顶区层，有时也称为发射区层，简称顶层。它是在同一块材料的表面层用高温掺杂扩散方法制得的，因而又称为扩散层。由于它通常是重掺杂的，故常标记为 n+。n+层的厚度为 0.2～0.5 微米。扩散层处于电池的正面。所谓正面，就是光照的表面，所以也称为光照面。③p 层和 n 层的交界面处是 p-n 结。④扩散层上有与它形成欧姆接触的上电极。它由母线和若干条栅线组成。栅线的宽度一般为 0.2 毫米左右。栅线通过母线连接起来。母线宽为 0.5 毫米左右，视电池面积大小而定。⑤摹体下面有与它形成欧姆接触的下电极。⑥上下电极均由金属材料制作，共功能是将由电

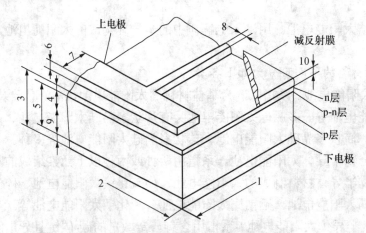

图 7-10 n$^+$/p 型太阳能电池基本结构示意图

1—电池长度；2—电池宽度；3—电池厚度；4—扩散层厚度；5—基本厚度；6—上电极厚度；

7—上电极母线宽度；8——上电极栅线宽度；9—下电极厚度；10—减反射膜厚度

池产生的电能引出。⑦在电池的光照面有一层减反射膜，其功能是减少光的反射，使电池接受更多的光。

如果用 n 型硅材料做基体，即可制成 p+/n 型硅太阳能电池。其结构与上述的 n+/p 型硅太阳能电池相同，只不过基体的硅材料是 n 型、而扩散层材料是 p 型。

三、太阳能电池的基本工作原理

太阳能是一种辐射能，它必须借助于能量转换器才能变换成为电能。这个把太阳能（或其他光能）变换成电能的能量转换器，就叫做太阳能电池。

太阳能电池工作原理的基础是半导体 p-t 结的光生伏打效应。所谓光生伏打效应，简单地说，就是当物体受到光照时，其体内的电荷分布状态发生变化而产生电动势和电流的一种效应。在气体、液体和固体中均可产生这种效应，但在固体尤其是在半导体中，光能转换为电能的效率特别高，因此半导体中的光电效应引起人们的格外关注，研究得最多，并发明创造出了半导体太阳能电池。

可将半导体太阳能电池的发电过程概括成如下 4 点：①首先是收集太阳光和其他光使之照射到太阳能电池表面上。②太阳能电池吸收具有一定能量的光子，激发出非平衡载流子（光生载流子）-电子-空穴对。这些电子和空穴应有足够的寿命，在它们被分离之前不会复合消失。③这些电性符号相反的光生载流子在太阳能电池 p-n 结内建电场的作用下，电子-空穴对被分离，电子集中在一边，空穴集中在另一边，在 p-n 结两边产生异性电荷的积累，从而产生光生电动势，即光生电压。④在太阳能电池 p-n 结的两侧引出电极，并接上负载，则在外电路中即有光生电流通过，从而获得功率输出，这样太阳能电池就把太阳能（或其他光能）直接转换成了电能。

下面以单晶硅太阳能电池为例，对太阳能电池的基本工作原理进行具体阐述。

众所周知，物质的原子是由原子核和电子组成的。原子核带正电，电子带负电。

电子就像行星围绕太阳转动一样，按照一定的轨道绕着原子核旋转。单晶硅的原子是按照一定的规律排列的。硅原子的外层电子壳层中有 4 个电子。每个原子的外壳电子都有固定的位置，并受原子核的约束。它们在受外来能量的激发后，如在太阳光辐射时，就会摆脱原子核的束缚而成为自由电子，并同时在原来的地方留出一个空位，即空穴。由于电子带负电，空穴就表现为带正电。电子和空穴就是单晶硅中可以运动的电荷。在纯净的硅晶体中，自由电子和空穴的数目是相等的。如果在硅晶体中掺入能够俘获电子的硼、铝、镓或铟等杂质元素，它就成了空穴型半导体，简称 p 型半导体。如果在硅晶体中掺入能够释放电子的磷、砷或锑等杂质元素，它就成 f 电子型的半导体，简称 n 型半导体。若把这两种半导体结合在一起，由于电子和空穴的扩散，在交界面处便会形成 p- n 结，并在结的两边形成内建电场，又称势垒电场。由 T 此处的电阻特别高，所以也称为阻挡层；当太阳光（或其他光）照射 p-n 结时，在半导体内的电子由于获得了光能而释放电子，相应地便产生了电子空穴 c，并在势垒电场的作用下，电子被驱向 n 型区，空穴被驱向 p 型区，从而使 n 区有过剩的电子-p 区有过剩空穴；于是就在 p-n 结的附近形成了与势垒电场方向相反的光生电场。光生电场的一部分抵消消势垒电场，其余部分使 ptL 区带正电、n 型区带负电；于是就使得 n 区 5p 区之间的薄层产生了电动势，即光生伏打电动势。当接通外电路时，使有电能输出。这就是 p-n 结接触型硅太阳能电池发电的基本原理（图 7-11）。若把几十个、数百个太阳能电池单体串联、并联起来封装成为太阳能电池组件，在太阳光（或其他光）的照射下，使可获得具有一定功率输出的电能。

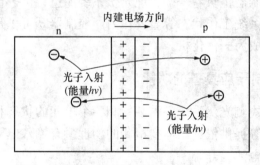

图 7-11　光生伏打效应原理图

四、太阳能电池的极性

硅太阳能电池一般制成 p+/n 型结构或 n+/p 型结构，如图 7-12 所示。

其中，第一个符号，即 p+ 和 n+，表示太阳能电池正面光照层半导体材料的导电类型；第二个符号，即 n 和 p，表示太阳能电池背面衬底半导体材料的导电类型。

太阳能电池的电性能与制造电池所用半导体材料的特性有关。在太阳光或其他光照射时，太阳能电池输出电压的极性，p 型一侧电极为正，n 型一侧电极为负。

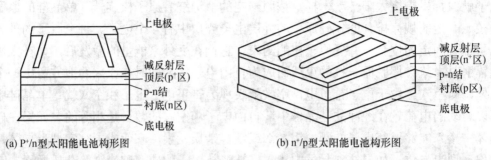

(a) P⁺/n型太阳能电池构形图　　　　　　　(b) n⁺/p型太阳能电池构形图

图7-12　太阳能电池构形图

当太阳能电池作为电源与外电路连接时，太阳能电池在正向状态下工作。当太阳能电池与其他电源联合使用时，如果外电路的正极与电池的 p 电极连接，负极与电池的 n 电极连接，则外电源向太阳能电池提供正向偏压；如果外电源的正极与电池的 n 电极连接，负极与 p 电极连接，则外电源向太阳能电池提供反向偏压。

第四节　控　制　器

控制器是对太阳能光伏发电系统进行控制与管理的设备，是太阳能光伏发电平衡系统（BOS，balance of system）的主要组成部分。在小型光伏发电系统中，控制器主要起防止蓄电池过充电和过放电的作用，因而也称为充放电控制器。在大中型光伏发电系统中，控制器担负着平衡管理光伏系统能量、保护蓄电池以及整个光伏系统正常工作和显示系统工作状态等重要作用。控制器既可以是单独使用的设备，也可以和逆变器制作成为一体化机。

一、大中型控制器应具备的功能

（1）信号检测。检测光伏系统各种装置和各个单元的状态和参数，为对系统进行判断、控制、保护等提供依据。需要检测的物理量有输入电压、充电电流、输出电压、输出电流、蓄电池温升等。

（2）蓄电池最优充电控制。控制器根据当前太阳能资源状况和蓄电池荷电状态，确定最佳充电方式，以实现高效、快速地充电，并充分考虑充电方式对蓄电池寿命的影响。

（3）蓄电池放电管理。对蓄电池组放电过程进行管理，如负载控制自动开关机、实现软启动、防止负载接入时蓄电池组端电压突降而导致的错误保护等。

（4）设备保护。光伏系统所连接的用电设备在有些情况下需要由控制器来提供保护，如系统中逆变电路故障而出现的过电压和负载短路而出现的过电流等，如不及时加以控制，就有可能导致光伏系统或用电设备损坏。

（5）故障诊断定位。当光伏系统发生故障时，可自动检测故障类型，指示故障位置，为对系统进行维护提供方便。

（6）运行状态指示。通过指示灯、显示器等方式指示光伏系统的运行状态和故障信息。

二、控制器的控制方式和分类

光伏系统在控制器的管理下运行。控制器可以采用多种技术方式实现其控制功能。比较常见的有逻辑控制和计算机控制两种方式。智能控制器多采用计算机控制方式。

逻辑控制方式是一种以模拟和数字电路为主构成的控制器。它通过测量有关的电气参数，由电路进行运算、判断，实现特定的控制功能。逻辑控制方式的控制器，按电器方式的不同，可分为并联型控制器、串联控制器、脉宽调制型控制器、多路控制器、两阶段双电压控制器和最大功率跟踪（MPPT）型控制器等多种。

能综合收集光伏系统的模拟量、开关量状态，有效地利用计算机的快速运算、判断能力，实现最优控制和智能化管理。它由硬件线路和软件系统两大部分组成。硬件线路和软件系统相互配合、协调工作，实现对光伏系统的控制和管理。硬件线路以 CPU（中央处理器）为核心，由电流和电压检测电路、各种状态检测电路获取系统及部件的有关电流、电压、温度及各单元工作状态和运行指令等信息，通过模拟输入通道和开关输入通道将信息送入计算机；另一方面，计算机经过运算、判断所发出的调节信号、控制指令通过模拟输出通道和开关输出通道送往执行机构，执行机构根据收到的命令进行相应的调节和控制。软件系统是针对特定的光伏系统而设计的应用程序。它由调度程序和若干实现专门功能的软件模块或函数组成。调度程序根据系统的当前状态，按照设定的方式完成有关信息的检测、运算、判断、控制、管理、告警、保护等一系列功能，根据设计的充电方式进行充电控制和放电管理。由于计算机特别是单片机价格低廉、设计灵活、性能价格比高，因此目前设计生产的大中型光伏系统用的控制器大多采用单片机技术来实现控制功能。更由于许多离网光伏系统多安装在边远偏僻地区，对光伏系统的运行控制与管理提出了遥测、遥控、遥信等诸多新功能的要求，目前控制器的研发、生产正朝着智能化、多功能化的方向快速发展。

三、常见控制器的基本电路和工作原理

1. 并联型和放电控制器

利用并联在光伏方阵两端的机械或电子开关器件控制充电过程。当蓄电池充满时，把光伏方阵的输出分流到旁路电阻器或功率模块上去，然后以热的形式消耗掉；当蓄电池电压回落到一定值时，再断开旁路并恢复充电。因为这种方式消耗热能，多用于小型（如 12V/12A 以内）光伏系统。这类控制器的优点是结构简单、不受电源极性影响，但缺点是易于引起热斑效应。

单路并联型充放电控制器的电路原理，如图 7-13 所示。

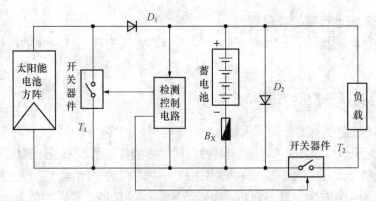

图 7-13　单路并联型充放电控制器电路原理图

并联型充放电控制器充电回路中的开关器件 T_1，并联在太阳能电池方阵的输出端，当蓄电池电压大于"充满切离电压"时，开关器件 T_1 导通，同时二极管 D_1 截止，则太阳能电池方阵的输出电流直接通过 T_1 旁路泄放，不再对蓄电池进行充电，从而保证蓄电池不会出现过充电，起到"过充电保护"作用。

D_1 为"防反充电二极管"，只有当太阳能电池方阵输出电压大于蓄电池电压时，D_1 才能导通，反之 D_1 截止，从而保证夜晚或阴雨天时不会出现蓄电池向太阳能电池方阵反向充电，起到"防反向充电保护"作用。

开关器件 T_2 为蓄电池放电开关，当负载电流大于额定电流出现过载或负载短路时，T_2 关断，起到"输出过载保护"和"输出短路保护"作用。同时，当蓄电池电压小于"过放电压"时，T_2 也关断，进行"过放电保护"。

D_2 为"防反接二极管"，当蓄电池极性接反时，D_2 导通，使蓄电池通过 D_2 短路放电，产生很大电流快速将保险丝 B_x 烧断，起到"防蓄电池反接保护"作用。

检测控制电路随时对蓄电池电压进行检测，当电压大于"充满切断电压"时，T_1 导通，进行"过充电保护"；当电压小于"过放电电压"时，T_2 关断，进行"过放电保护"。

2. 串联型充放电控制器

利用串联在回路中的机械或电子开关器件控制充电过程。当蓄电池充满时，开关器件断开充电回路，蓄电池停止充电；当蓄电池电压回落到一定值时，再接通充电回路。串联在回路中的开关器件，还可以在夜晚切断光伏方阵，取代防反充二极管。这类控制器，结构简单，价格较低，并且一般不会引起热斑效应。当光伏系统作为负电源用于通信系统使用时，其开关电路的设计将有所改变。单路串联型充放电控制器的电路原理，如图 7-14 所示。

串联型充放电控制器和并联型充放电控制器电路结构相似，唯一区别在于开关器件 T_1 的接法不同，并联型控制器 T_1 并联在太阳能电池方阵输出端，而串联型控制器 T_1 是串联在充电回路中。当蓄电池电压大于"充满切断电压"时，T_1 关断，使太阳能电池方阵不再对蓄电池进行充电，起到"过充电保护"作用。其他元件的作

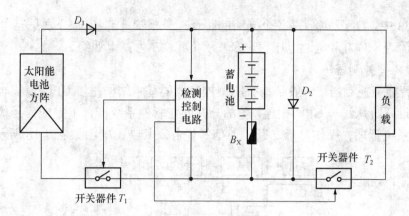

图 7-14 单路串联型充放电控制器电路原理图

用和并联型充放电控制器相同，不再重复。

3. 多路充电控制器

光伏方阵分成多个支路接入控制器，一般用于 5 千瓦以上中大功率光伏系统。当蓄电池充满时，控制器将光伏方阵逐路断开；当蓄电池电压回落到一定值时，控制器再将光伏方阵逐路接通，实现对蓄电池组充电电压和电流的调节。这种控制方式，属于增量控制法，可以近似地达到脉宽调制控制的效果，路数越多增幅越小，越接近线性调节。但路数越多设备成本越高，所以在确定光伏方阵接入路数时，应综合考虑控制效果和控制器成本价格之间的关系。

多路充电控制器的电路原理，如图 7-15 所示。

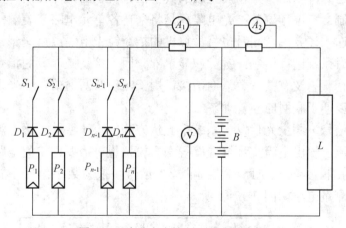

图 7-15 多路充电控制器电路原理图

当蓄电池充满时，控制电路将控制机械或电子开关从 S_1 至 S_n 顺序断开太阳能电池方阵支路 P_1 至 P_n。当第 1 路 P_1 断开后，如果蓄电池电压已低于设定值，则控制电路等待；直到蓄电池电压再次上升到设定值，再断开第 2 路 P_2，再等待；如果蓄电池电压不再上升到设定值，则其他支路保持接通充电状态。当蓄电池电压低于恢复点电压时，则被断开的太阳能电池方阵支路依次顺序接通，直到天黑之前全部接通。图 4-33 中，D_1 至 D_n。是各个支路的防反充二极管，A_1 和 A_2 分别是充电电流表和放电电流表，V 为蓄电池电压表，L 表示负载，B 为蓄电池组。

4. 智能型控制器

（1）智能型控制器。一般结构智能型控制器的基本结构是以 CPU 为核心，各功能部件通过系统总线与 CPU 相连，各部分共同在软件系统指挥下完成信号检测、控制调节、系统管理、操作显示、联机通信等任务。其结构框图如图 7-16 所示。

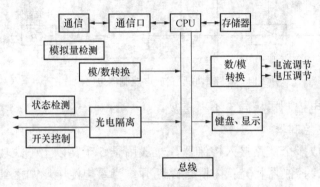

图 7-16　智能控制原理框图

CPU 用于执行程序代码，控制外部设备和功能执行机构的工作；有储器用于存放专门设计的应用程序（即程序指令），也可存储一些重要数据；模/数转换是将检测电路获得的电压、电流、温度等信号转变成计算机可以接受的数字信号；数/模转换是将计算机运算、判断、处理后生成的数字信号表达的指令转换为模拟电压、电流信号，对控制参数进行调节；光电隔离是将来自各单元电路和装置的开关状态，经光电隔离后送入计算机，同时也将计算机的指令经光电隔离后送到开关控制及各种执行机构，对系统进行控制；键盘和显示部分用于接受操作者的指令、输入参数和显示系统运行状态及有关参数；通信接口用于实现联网通信，使光伏发电系统具有三遥功能，以便于联网监控管理。

（2）模拟信号。测量光伏发电系统中光伏方阵的 I-U 特性、蓄电池电压、充电电流、输出电压、输出电流、环境温度等都为模拟量，需要由检测电路将这些物理量测准，然后由模/数转换电路将测到的模拟信号转换为数字信号才能被计算机接受。模拟信号测量电路如图 7-17 所示。

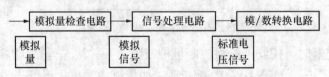

图 7-17　模拟信号测量电路框图

模拟量检测电路测出模拟信号，即模拟量及其变化，由信号处理电路将模拟信号转换为标准的电压信号，再由模/数转换电路将标准电压转换为数字信号。通常用于实现数/模转换的方法，主要有 A/D 转换和 V/F 转换两种。

（3）状态检测。状态检测是为了获取各检测点的工作状态，如各单元电路是否正常、电气和环境参数是否已超越报警、输出是否短路等等。状态信号一般为开关型二值信号。为防止电气故障损坏计算机，通常需要对这种开关型二值信号采用光电隔离。状态信号检测电路框图，如图 7-18 所示。

（4）开关控制输出。图 7-19 为开关控制输出电路框图。由计算机输出的开关控制命令被锁存器锁存，经过光电分离后对信号进行驱动放大，再送到功率电子开关、继电器等需要开关控制信号的部件，实现通断控制。

图 7-18　状态信号检测电路框图　　　　图 7-19　开关控制输出电路框图

（5）模拟调节输出。光伏发电系统实现最优化充放电，既可充分利用太阳能，又可保护蓄电池延长使用寿命。这些电压、电流模拟量的调节，由计算机输出控制信号通过调节电路来实现。计算机发出的数字信号与调节电路可接受的模拟信号间需要模/数转换，并通过功率放大，以驱动调节电路完成调节任务。

模/数转换有多种方式：图 7-20 中（a）和（b）采用 D/A 转换器将数字转换为模拟电压；图 7-20（c）采用 PWM 方式输出脉冲宽度调制信号，由积分电路积分后获得模拟电压。图 7-20（a）中的每一路输出使用一个 D/A 转换器，结构清楚。图 7-20（b）中多路应用一个 D/A 转换器，减少了 D/A 转换器的数量，但需要用多路切换开关和保持器，结构较复杂，而且还要求计算机周期性更新保持器内容，以保证输出电压在期望值上不需要用 D/A 转换器。图 7-20（c）的电路，结构简单，便于实现隔离，成本也低。

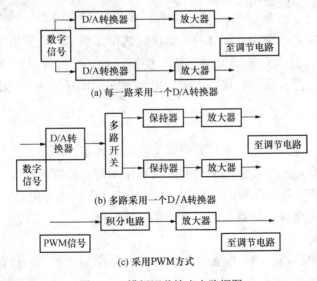

(a) 每一路采用一个D/A转换器

(b) 多路采用一个D/A转换器

(c) 采用PWM方式

图 7-20　模拟调节输出电路框图

（6）操作管理与数据、状态显示。光伏发电系统的操作管理需要用户干预调整，而系统状态及各种数据又都需用户知道，因而光伏发电控制系统需要配置操作键盘、按钮和显示设备。为使操作运行尽可能简单、直观，避免复杂的操作，在系统的运行由已设定的程序控制的情况下，如发生意外或故障，控制器完全能够自行处理，只在必要时给出运行状态显示即可。因此，操作管理可不必使用键盘，只需几个按钮即可将信息通过数字输入口送入计算机。

数据显示可使用多种方法。当信息量较小时，采用 LED 或 LCD 显示器即可。

（7）联机通信。联机通信是太阳能光伏发电系统实现遥信、遥测、遥控功能的基础。通过联机通信，可以根据远端采集系统的运行数据向系统下达控制命令，实现对分散在不同区域的光伏发电系统及相关设备进行集中控制管理。联机通信是借助计算机来实现的。根据系统运行环境的差异和对通信速率的要求，联机通信可采用无线通信或有线通信等多种手段，也可采用 RS232 或 RS-485LAPD 高速数据链路、DDN（digital & data network）网及 Modem 等。

四、控制器的选择、安装和使用、维护

1. 选择

选择控制器应注意如下主要技术指标：①系统电压，即蓄电池电压；②输入最大电流及输入路数；③输出最大电流；④蓄电池过充电保护门限；⑤蓄电池过放电保护门限；⑥辅助功能，包括保护功能以及通信、显示、数据采集和存储等功能。

控制器的系统电压，与蓄电池的电压应一致。控制器的最大输入电流，取决于太阳能电池方阵的电流。控制器的输入路数，小型系统一般只有一路太阳能电池方阵输入，中大型系统通常采用多路太阳能电池方阵输入。控制器的输出电流，取决于输出负载的电流，通常即逆变器的电流。

2. 安装

太阳能光伏发电系统用控制器的安装比较简单，只需将太阳能电池方阵、蓄电池组与输出负载（交流系统即为逆变器）接好即可。接线的顺序一般为：蓄电池组—太阳能电池方阵—负载。连接太阳能电池方阵，最好是在早晚太阳光较弱时进行，以避免拉弧。

3. 使用

控制器是自动控制设备，安装好后即可自动投入工作，不需人工操作。平时，只需工作人员注意观察控制器面板上的表头和指示灯，即可根据说明书的说明判断控制器的工作状态。需要观察的主要有：①蓄电池电压；②充电电流；③放电电流；④蓄电池是否已经充满；⑤蓄电池是否已经过放电等。

4. 维护

控制器的维护亦很简单，除擦拭清洁外，只需定期或不定期检查接线、工作指示及控制门限等即可。

第五节 逆 变 器

一、逆变器的概念

通常，把将交流 AC 电能变换成直流 DC 电能的过程称为整流，把完成整流功能的电路称为整流电路，把实现整流过程的装置称为整流设备或整流器。与之相对应，把将直流 DC 电能变换成交流 AC 电能的过程称为逆变，把完成逆变功能的电路称为逆变电路，把实现逆变过程的装置称为逆变设备或逆变器。

现代逆变技术是研究逆变电路理论和应用的一门科学技术。它是建立在工业电子技术、半导体器件技术、现代控制技术、现代电力电子技术、半导体变流技术、脉宽调制（PWM）技术等学科基础之上的一门实用技术。它主要包括半导体功率集成器件及其应用、逆变电路和逆变控制技术 3 大部分。

二、逆变器的作用

太阳能电池方阵在阳光照射下产生直流电，然而以直流电形式供电的系统有很大的局限性。例如，日光灯、电视机、电冰箱、电风扇等大多数家用电器均不能直接用直流电源供电，绝大多数动力机械也是如此。此外，当供电系统需要升高电压或降低电压时，交流系统只需加一个变压器即可，而在直流系统中升降压技术与装置则要复杂得多。因此，除特殊用户外，在离网型光伏发电系统中都需要配备逆变器。逆变器一般还具备有自动稳频稳压功能，可保障光伏发电系统的供电质量。综上所述，逆变器已成为离网型光伏发电系统中不可缺少的重要配套设备。

光伏发电系统与公共电网连接，共同承担供电任务，是光伏发电进入大规模商业化发电阶段、成为电力工业组成部分之一的重要方向，是当今世界光伏发电技术发展的主流。2006 年以来，世界联网光伏发电系统的年安装容量已占到世界光伏电池组件总产量的 70%以上。联网逆变器是联网光伏发电系统的最基本构成部件之一，必须通过它将光伏方阵输出的直流电能变换成为符合国家电能质量标准各项规定的交流电能，才能并入电网，才允许并网。

三、逆变器的分类

逆变器的种类很多，可按照不同的方法进行分类。

（1）按逆变器输出交流电能的频率分，可分为工频逆变器、中频逆变器和高频逆变器。工频逆变器一般指频率为 50～60 赫兹的逆变器；中频逆变器的频率一般为 400 赫兹到十几千赫；高频逆变器的频率一般为十几千赫到兆赫。

（2）按逆变器输出的相数分，可分为单相逆变器、三相逆变器和多相逆变器。

（3）按逆变器输出电能的去向分，可分为有源逆变器和无源逆变器。凡将逆变器输出的电能向工业电网输送的逆变器，称为有源逆变器；凡将逆变器输出的电能输向某种用电负载的逆变器，称为无源逆变器。

（4）按逆变器主电路的形式分，可分为单端式（包括正激式和反激式）逆变器、推挽式逆变器、半桥式逆变器和全桥式逆变器。

（5）按逆变器主开关器件的类型分，可分为普通晶闸管（也称为可控硅 SCR）逆变器、大功率晶体管（GTR）逆变器、功率场效应晶体管（VMOSFET）逆变器、绝缘栅双极晶体管（IGBT）逆变器和 MOS 控制晶体管（MCT）逆变器等。又可将其归纳为"半控型"逆变器和"全控制"逆变器两大类。前者，不具备自关断能力，元器件在导通后即失去控制作用，故称之为"半控型"，普通晶闸管（SCR）即属于这一类；后者，则具有自关断能力，即元器件的导通和关断均可由控制极加以控制，故称之为"全控型"，功率场效应晶体管（VMOSFET）和绝缘栅双极晶体管（IGBT）等均属于这一类。

（6）按逆变器稳定输出参量分，可分为电压型逆变器（VSI）和电流型逆变器（CSI）。前者，直流电压近于恒定，输出电压为交变方波；后者，直流电流近于恒定，输出电流为交变方波。

（7）按逆变器输出电压或电流的波形分，可分为正弦波输出逆变器和非正弦波（包括方波、阶梯波、准方波等）输出逆变器。

（8）按逆变器控制方式分，可分为调频式（PFM）逆变器和调脉宽式（PWM）逆变器。

（9）按逆变器开关电路工作方式分，可分为谐振式逆变器、定频硬开关式逆变器和定频软开关式逆变器。

（10）按逆变器换流方式分，可分为负载换流式逆变器和自换流式逆变器。

四、逆变器的基本结构

逆变器的直接功能是将直流（DC）电能变换成为交流（AC）电能，如图 7-21 所示。

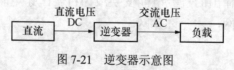

图 7-21　逆变器示意图

逆变器的核心是逆变开关电路，简称为逆变电路。该电路通过电力电子开关的导通与关断，来完成逆变的功能。电力电子开关器件的通断，需要一定的驱动脉冲，这些脉冲可以通过改变一个电压信号来调节。产生的调节脉冲的电路，通常称为控制电路或控制回路。逆变装置的基本结构，除上述主逆变电路和控制电路外，还有保护电路、辅助电路、输入电路、输出电路等，如图 7-22 所示。

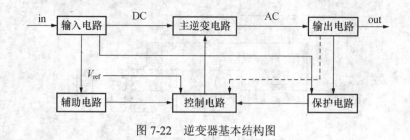

图 7-22　逆变器基本结构图

五、逆变器的工作原理

1. 全控型逆变器工作原理

图 7-23 所示为通常使用的单相输出的全桥逆变器主电路。图中，交流元件采用 IGBT 管 Q_{11}、O_{12}、Q_{13}、Q_{14}，并由 PWM 脉宽调制控制 IGBT 管的导通或截止。

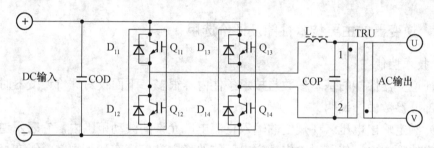

图 7-23　单相全桥逆变器主电路图

当逆变器电路接上直流电源后，先由 Q_{11}、Q_{14} 导通，Q_{12}、Q_{13} 截止，则电流由直流电源正极输出，经 Q_{11}、L 电感、变压器初级线圈 1-2，到 Q_{14} 回到电源负极。当 Q_{11}、Q_{14} 截止后，Q_{12}、Q_{13} 导通，电流从电源正极经 Q_{13}、变压器初级线圈 2-1、L 电感到 Q_{12} 回到电源负极。此时，在变压器初级线圈上已形成正负交变方波，利用高频 PWM 控制，两对 IGBT 管交替重复动作，在变压器上产生交流电压。由于 LC 交流滤波器作用，使输出端形成正弦波交流电压。

当 Q_{11}，Q_{14} 关断时，为了释放储存能量，在 IGBT 处并联二极管 D_{11}、D_{12}，使能量返回到直流电源中去。

2. 半控型逆变器工作原理

半控型逆变器采用晶闸管元件。改进型并联逆变器的主电路如图 7-24 所示。图中，Th_1、Th_2 为交替工作的晶闸管，设 Th_1 先触发导通，则电流通过变压器流经 Th_1，同时由于变压器的感应作用，换向电容器 C 被充电到大约 2 倍的电源电压。接着，Th_2 被触发导通，因 Th_2 的阳极电位降到负电位，换向电容器的电压给 Th_1 加反向偏压，Th_1 截止，返回阻断状态。这样，Th_1 与 Th_2 换流，然后电容器 C 又反极性充电。如此交替触发晶闸管，电流交替流向变压器的初级，在变压器的次级得到交流电。

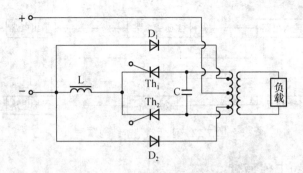

图 7-24　改进型并联逆变器主电路图

在电路中，电感 L 可以限制换向电容 C 的放电电流，延长放电时间，保证电路关断时间大于晶闸管的关断时间，而不需容量很大的电容器。D_1 和 D_2 是两只反馈二极管，可将电感 L 中的能量释放，将换向剩余的能量送回电源，完成能量的反馈作用。

六、逆变器的主要技术性能及评价选用

1. 技术性能

表征逆变器性能的基本参数与技术条件内容很多。下面仅对评价逆变器时经常用到的部分参数做一说明。

（1）额定输出电压。在规定的输入直流电压允许的波动范围内，它表示逆变器应能输出的额定电压值。对输出额定电压值的稳定准确度有如下规定：①在稳态运行时，电压波动范围应有一个限定，例如，其偏差不超过额定值的±3%或±5%；②在负载突变（额定负载的 0<450%～100%）或有其他干扰因素影响的动态情况下，其输出电压偏差不应超过额定值的±8%或±10%。

（2）输出电压的不平衡度。在正常工作条件下，逆变器输出的三相电压不平衡度（逆序分量对正序分量之比）应不超过一个规定值，一般以%表示，如 5%或 8%。

（3）输出电压的波形失真度。当逆变器输出电压为正弦波时，应规定允许的最大波形失真度（或谐波含量）。通常以输出电压的总波形失真度表示，其值不应超过 5%（单相输出允许 10%）。

（4）额定输出频率。逆变器输出交流电压的频率应是一个相对稳定的值，通常为工频 50 赫兹。正常工作条件下其偏差应在±1%以内。

（5）负载功率因数。负载功率因数表征逆变器带感性负载或容性负载的能力。在正弦波条件下，负载功率因数为 0.7～0.9（滞后），额定值为 0.9。

（6）额定输出电流（或额定输出容量）。它表示在规定的负载功率因数范围内，逆变器的额定输出电流。有些逆变器产品给出的是额定输出容量，其单位以伏安或千伏安表示。逆变器的额定容量是当输出功率因数为 1（即纯阻性负载）时，额定输出电压与额定输出电流的乘积。

（7）额定输出效率逆变器的效率是在规定的工作条件下，其输出功率对输入功率之比，以%表示。逆变器在额定输出容量下的效率为满负荷效率，在10%额定输出容量下的效率为低负荷效率。

（8）保护：

①过电压保护。对于没有电压稳定措施的逆变器，应有输出过电压的保护措施，以使负载免受输出过电压的损害；

②过电流保护。逆变器的过电流保护，应能保证在负载发生短路或电流超过允许值时及时动作，使其免受浪涌电流的损伤。

（9）起动特性。它表征逆变器带负载起动的能力和动态工作时的性能。逆变器应保证在额定负载下可靠起动。

（10）噪声。电力电子设备中的变压器、滤波电感、电磁开关及风扇等部件均会产生噪声。逆变器正常运行时，其噪声应不超过80分贝，小型逆变器的噪声应不超过65分贝。

2. 评价选用

为了正确选用光伏发电系统用的逆变器，必须对逆变器的技术性能进行评价。根据逆变器对离网型光伏发电系统运行特性的影响和光伏发电系统对逆变器性能的要求，以下各项是必不可少的评价内容。

（1）额定输出容量。额定输出容量表征逆变器向负载供电的能力。额定输出容量值高的逆变器可带更多的用电负载。但当逆变器的负载不是纯阻性时，也就是输出功率小于1时，逆变器的负载能力将小于所给出的额定输出容量值。

（2）输出电压稳定度。输出电压稳定度表征逆变器输出电压的稳压能力。多数逆变器产品给出的是输入直流电压在允许波动范围内该逆变器输出电压的偏差%，通常称为电压调整率。高性能的逆变器应同时给出当负载由0~100%变化时，该逆变器输出电压的偏差%，通常称为负载调整率。性能良好的逆变器的电压调整率应≤±3%，负载调整率应≤±6%。

（3）整机效率。逆变器的效率值表征自身功率损耗的大小，通常以%表示。容量较大的逆变器还应给出满负荷效率值和低负荷效率值。千瓦级以下的逆变器效率应为80%~85%，10千瓦级以上的逆变器效率应为85%~95%。逆变器效率的高低对光伏发电系统提高有效发电量和降低发电成本有着重要影响。

（4）保护功能。过电压、过电流及短路保护是保证逆变器安全运行的最基本措施。功能完善的正弦波逆变器还具有欠电压保护、缺相保护及温度越限报警等功能。

（5）起动性能。逆变器应保证在额定负载下可靠起动。高性能的逆变器可做到连续多次满负荷起动而不损坏功率器件。小型逆变器为了自身安全，有时采用软起动或限流起动。

以上是选用离网型光伏发电系统用逆变器时缺一不可的、最基本的评价项目。其他诸如逆变器的波形失真度、噪声水平等技术性能，对大功率光伏发电系统和并网型光伏电站也十分重要。

在选用离网型光伏发电系统用的逆变器时，除依据上述五项基本评价内容外，还应注意以下几点。

（1）逆变器应具有足够的额定输出容量和过载能力。逆变器的选用，首先要考虑具有足够的额定容量，以满足最大负载下设备对电功率的需求。对以单一设备为负载的逆变器，其额定容量的选取较为简单，当用电设备为纯阻性负载或功率因数大于 0.9 时，选取逆变器的额定容量为用电设备容量的 1.1～1.2 倍即可。在逆变器以多个设备为负载时，逆变器容量的选取要考虑几个用电设备同时工作的可能性，即"负载同时系数"。

（2）逆变器应具有较高的电压稳定性，能在离网型光伏发电系统中均以蓄电池为储能设备。当标称电压为 12 伏的蓄电池处于浮充电状态时，端电压可达 13.5 伏，短时间过充电状态可达 15 伏。蓄电池带负载放电终了时端电压可降至 10.5 伏或更低。蓄电池端电压的起伏可达标称电压的 30%左右。这就要求逆变器具有较好的调压性能，才能保证光伏发电系统以稳定的交流电压供电。

（3）在各种负载下具有高效率或较高效率。整机效率高是光伏发电用逆变器区别于通用型逆变器的一个显著特点。10 千瓦级的通用型逆变器实际效率只有 70%～80%，将其用于光伏发电系统时将带来总发电量 20%～30%的电能损耗。光伏发电系统专用逆变器，在设计中应特别注意减少自身功率损耗，提高整机效率。这是提高光伏发电系统技术经济指标的一项重要措施。在整机效率方面对光伏发电专用逆变器的要求是：千瓦级以下逆变器额定负载效率≥80%～85%，低负载效率≥65%～75%；10 千瓦级以上逆变器额定负载效率≥85%～95%，低负载效率≥70%～85%。

（4）逆变器必须具有良好的过电流保护与短路保护功能。光伏发电系统正常运行过程中，因负载故障、人员误操作及外界干扰等原因而引起的供电系统过电流或短路，是完全可能的。逆变器对外电路的过电流及短路现象最为敏感，是光伏发电系统中的薄弱环节。因此，在选用逆变器时，必须要求具有良好的对过电流及短路的自我保护功能。

（5）维护方便高质量的逆变器在运行若干年后，因元器件失效而出现故障，应属正常现象。除生产厂家需有良好的售后服务系统外，还要求生产厂家在逆变器生产工艺、结构及元器件选型方面，应具有良好的可维护性。例如，损坏的元器件有充足的备件或容易买到，元器件的互换性好；在工艺结构上，元器件容易拆装，更换方便。这样，即使逆变器出现故障，也可迅速恢复正常。

七、光伏系统逆变器的操作使用与维护检修

1. 操作使用

（1）应严格按照逆变器使用维护说明书的要求进行设备的连接和安装。在安装时，应认真检查：线径是否符合要求；各部件及端子在运输中有否松动；应绝缘处

是否绝缘良好；系统的接地是否符合规定。

（2）应严格按照逆变器使用维护说明书的规定操作使用。尤其是在开机前要注意输入电压是否正常；在操作时要注意开关机的顺序是否正确，各表头和指示灯的指示是否正常。

（3）逆变器一般均有断路、过电流、过电压、过热等项目的自动保护，因此在发生这些现象时，无需人工停机；自动保护的保护点，一般在出厂时已设定好，无需再行调整。

（4）逆变器机柜内有高压，操作人员一般不得打开柜门，柜门平时应锁死。

（5）在室温超过30℃时，应采取散热降温措施，以防止设备发生故障，延长设备使用寿命。

2. 维护检修

（1）应定期检查逆变器各部分的接线是否牢固，有无松动现象，尤其应认真检查风扇、功率模块、输入端子、输出端子以及接地等。

（2）一旦报警停机，不准马上开机，应查明原因并修复后再行开机，检查应严格按逆变器维护手册的规定步骤进行。

（3）操作人员必须经过专门培训，并应达到能够判断一般故障的产生原因并能进行排除，例如能熟练地更换保险丝、组件以及损坏的电路板等。未经培训的人员，不得上岗操作使用设备。

（4）如发生不易排除的事故或事故的原因不清，应做好事故的详细记录，并及时通知生产工厂给予解决。

第六节　太阳能光伏发电系统的安装与维护、管理

一、太阳能电池方阵的安装

（1）太阳能电池方阵的构建。单体太阳能电池不能直接作为电源使用。在实际应用时，是按照电性能的要求，将几片或几十片单体太阳能电池串、并联连接起来，经过封装，组成一个可以单独作为电源使用的最小单元，即太阳能电池组件。太阳能电池方阵，则是由若干个太阳能电池组件串、并联连接而排列成的阵列。

太阳能电池方阵可分为平板式和聚光式两大类。平板式方阵，只需把一定数量的太阳能电池组件按照电性能的要求串、并联起来即可，不需加装汇聚阳光的装置，结构简单，多用于固定安装的场合。聚光式方阵，加有汇聚阳光的收集器，通常采用平面反射镜、抛物面反射镜或菲涅尔透镜等装置来聚光，以提高入射光谱辐照度。聚光式方阵，可比相同功率输出的平板式方阵少用一些单体太阳能电池，使成本下降；但通常需要装设向日跟踪装置，有了转动部件，从而降低了可靠性。

太阳能电池方阵的构建，一般来说，就是按照用户的要求和负载的用电量及技

术条件计算太阳能电池组件的串、并联数。串联数由太阳能电池方阵的工作电压决定，应考虑蓄电池的浮充电压、线路损耗以及温度变化对太阳能电池的影响等因素。在太阳能电池组件串联数确定之后，即可按照气象台提供的太阳年辐射总量或年日照时数的 10 年平均值计算确定太阳能电池组件的并联数。太阳能电池方阵的输出功率与组件的串、并联数量有关，组件的串联是为了获得所需要的电压，组件的并联是为了获得所需要的电流。

（2）太阳能电池方阵的安装。平板式地面型太阳能电池方阵被安装在方阵支架上，支架被固定在水泥基础或其他基础上。对于方阵支架和固定支架的基础以及与控制器连接的电缆沟道等的加工与施工，均应按照设计进行。

太阳能电池方阵的发电量与其接受的太阳辐射量成正比。为使方阵更有效地接收太阳辐射能，方阵的安装方位和倾角很为重要。好的方阵安装方式是跟踪太阳，使方阵表面始终与太阳光垂直，入射角为 0°。其他入射角都将影响方阵对太阳光的接收，造成更多的损失。对于固定安装来说，损耗总计可高达 8%。比较好的可供参考的方阵接收角 φ 为：全年平均接收角 φ 为使用地的纬度+5°；一年可调整接收角两次，一般可取：φ春分＝使用地纬度-11°45'。这样，接收损耗就有可能控制在 2%以下。方阵斜面取多大角度为好，是一个较为复杂的问题。为减少设计误差，设计时应将从气象台获得的水平面上的辐射量换算到倾斜面上。换算方法是将方阵斜面接收的太阳辐射量作为使用地纬度、倾角和太阳赤纬的函数。简单的方法是，将从气象台获得的所在地平均太阳总辐射量作为计算的 φ 值，接收角采用每年调整两次的方案，经计算，与水平放置方阵相比，太阳总辐射量的增量一般均为 6.5%左右。

为简便计算，可根据当地纬度按照下列关系粗略地确定固定式太阳能电池方阵的倾角：

纬度 0°～25°，倾角等于纬度；

纬度 26°～40°，倾角等于纬度加 5°～10°；

纬度 41°～55°，倾角等于纬度加 10°～15°；

纬度>55°，倾角等于 15°～20°。

二、太阳能电池方阵的管理维护

（1）方阵应安装在周围没有高建筑、树木、电线杆等遮挡太阳光的处所，以更充分地接收太阳光。我国地处北半球，方阵的采光面一般应朝南放置，并与太阳光垂直。

（2）在方阵的安装和使用中，要轻拿轻放组件，严禁碰撞、敲击、划痕，以免损坏封装玻璃，影响组件性能，缩短使用寿命。

（3）遇有大风、暴雨、冰雹、大雪等情况，应采取措施对方阵进行保护，以免损坏。

（4）方阵的采光面应经常保持清洁，如有灰尘或其他污物，应先用清水冲洗，再用干净纱布将水迹轻轻擦干，切勿用腐蚀性溶剂冲洗、擦拭。遇风沙和积雪后，应及时加以清扫。

（5）方阵的输出连接要注意正、负极性，切勿接反。

（6）与方阵匹配使用的蓄电池组，应严格按照蓄电池的使用维护方法使用。

（7）带有向日跟踪装置的方阵，应经常检查维护跟踪装置，以确保其正常工作。

（8）采用手动方式调整角度的方阵，应按照季节的变化调整方阵支架的向日倾角和方位角，以更多地接收太阳辐射能量。

（9）方阵的光电参数，在使用中应不定期地按照有关方法进行检测，发现问题应及时解决，以确保方阵不间断地正常供电。

（10）方阵及其附属设施周围应加护栏和围墙，以免家畜、宠物或人为等损坏；如安装在高山上，则应安装避雷器，以预防雷击。

思　考　题

1. 太阳能光伏发电系统的工作原理是怎样的？
2. 太阳能光伏发电系统的运行方式？
3. 太阳能光伏发电系统的应用领域有哪些？
4. 如何做好太阳能光伏发电系统的安装与维护？

参 考 文 献

[1] 国家及行业标准 GB/T 4271-2000, GB/T 6424-1997, GB/T 12915-1991, GB/T 18708-2002, GB/T 19141-2003, NY/T 343-1998, NY/T 514-2002

[2] 中国农业工程研究设计院. 农村能源工程. 北京：中国农业出版社，1993

[3] 于智勇，季秉厚. 小型风力发电机. 北京：中国环境科学出版社，2002

[4] 全国能源基础和管理标准化技术委员会. 热工手册. 北京：机械工业出版社，2002

[5] 王草华，等. 能源与可持续发展. 北京：化学工业出版社，2005

[6] 罗运俊，等. 太阳热水器原理、制造与施工. 北京：化学工业出版社，2005

[7] 刘荣厚，等. 生物质热化学转换技术. 北京：化学工业出版社，2005

[8] 罗运俊，等. 太阳能利用技术. 北京：化学工业出版社，2005

[9] 倪维斗. 我国的能源现状与战略对策. 科技日报，2007—01—25

[10] 国家发展和改革委员会，能源发展"十一五"规划. 2007

[11] 李秀峰，徐晓刚. 我国农村生活能源消费研究. 北京：中国农业科学技术出版社，2010

[12] 杨旸，郑军. 光伏发电系统施工技术. 北京：高等教育出版社，2011.9

[13] 赵书安. 太阳能光伏发电及应用技术. 南京：东南大学出版社，2011.6